新时代新理念职业教育教材
产教融合、校企“双元”合作开发教材

# Web前端实训教程

主　编　张海英　李晓茹　李　强　袁福华
副主编　杨　华　高舜男　段佳炜　徐立志

北京交通大学出版社
·北京·

## 内 容 简 介

本书以《Web 前端开发职业技能等级标准》为编写依据，由 Web 界面制作基础、HTML5+CSS3 开发基础与应用、JavaScript 程序设计、轻量级框架应用四篇组成。分别对应《Web 前端开发职业技能等级标准》设计的四门核心课程：Web 界面制作基础、HTML5+CSS3 开发基础与应用、JavaScript 程序设计、轻量级框架应用。

本书以模块化的结构组织各篇章，以项目驱动的方式安排教材内容，选取静态网站设计与制作的典型应用作为教学案例。本教材可用于高职院校 Web 前端开发类课程的教学，也可以作为从事 Web 前端开发技术人员的参考用书。



**图书在版编目（CIP）数据**

Web 前端实训教程 / 张海英，李晓茹，李强主编. -- 北京 ：北京交通大学出版社，2025. 9. -- ISBN 978-7-5121-5645-6

Ⅰ. TP393.092.2

中国国家版本馆 CIP 数据核字第 20251E47H9 号

**Web 前端实训教程**
Web QIANDUAN SHIXUN JIAOCHENG

责任编辑：刘　蕊　　助理编辑：张一飞
出版发行：北京交通大学出版社　　电话：010-51686414　　http://www.bjtup.com.cn
地　　址：北京市海淀区高梁桥斜街 44 号　　邮编：100044
印 刷 者：北京华宇信诺印刷有限公司
经　　销：全国新华书店
开　　本：185 mm×260 mm　　印张：16　　字数：418 千字
版 印 次：2025 年 9 月第 1 版　　2025 年 9 月第 1 次印刷
定　　价：49.00 元

本书如有质量问题，请向北京交通大学出版社质监组反映。对您的意见和批评，我们表示欢迎和感谢。
投诉电话：010-51686043，51686008；传真：010-62225406；E-mail：press@bjtu.edu.cn。

# 前 言

2021年12月，教育部办公厅印发的《“十四五”职业教育规划教材建设实施方案》的通知指出，开展“岗课赛证”融通教材建设，为了贯彻落实《关于深化产教融合的若干意见》《国家信息化发展战略纲要》的相关要求，应对新一轮科技革命和产业变革的挑战，促进人才培养供给侧和产业需求侧结构性全方位融合，深化产教融合、校企合作，结合订单培养，将岗位技能要求、职业技能竞赛、职业技能等级证书标准有关内容融入教材。

本书以《“十四五”职业教育规划教材建设实施方案》《职业院校教材管理办法》《高等学校课程思政建设指导纲要》《职业教育专业目录（2021年）》《职业教育专业简介（2022年修订）》《职业教育专业教学标准—2025年修（制）订》为指导，以《Web前端开发职业技能等级标准》中的职业素养和岗位技术技能为重点培养目标，在遵循有关技术规程的基础上，以专业活动为导向，以专业技能为核心，落实立德树人根本任务，组织企业工程师、高职的学术带头人、一线教师共同编写了本教材。

本书具有以下鲜明特色。

### 1. 落实立德树人根本任务，寓价值观引导于知识传授和能力培养中

本书以习近平新时代中国特色社会主义思想为指导，贯彻党的二十大精神，坚持正确的政治方向和价值取向，引导学生树立正确的世界观、人生观和价值观。通过知识目标、技能目标、素养目标等学习目标，融入课程思政，以系统化地体现教材的育人功能。

### 2. 体现“岗课赛证”融通特色

党的二十大报告明确指出：“统筹职业教育、高等教育、继续教育协同创新，推进职普融通、产教融合、科教融汇，优化职业教育类型定位。”本书严格遵循Web前端开发职业技能等级证书的要求，结合专业教学标准、行业规范，科学合理地优化教学内容体系。

### 3. 紧扣行业发展，体现与时俱进

本书对接Web前端开发岗位，紧扣行业最新发展，引入Web前端开发的新技术、新方法、新规范、新标准，以最新的Web前端开发案例为切入点，通过更新实训场景、实训案例、行业数据，保持内容的与时俱进，实现教学内容与职业岗位的无缝对接。

### 4. 丰富数字化资源，实现线上线下教学融合

本书配套有在线开放课程，同步开发了微课、课件、技能实训案例等数字化教学资源。通过课程平台和视频资源，读者可在线学习。后续将不断对相关知识、技能进行更新、扩充，使教材的数字化教学资源更丰富。

本书由张海英老师、李晓茹老师、李强老师、袁福华老师担任主编，杨华老师、高舜男

老师、段佳炜老师、徐立志老师担任副主编。本书分为四个篇章，其中第 1 篇“Web 界面制作基础”，包含模块 1“HTML 基础”和模块 2“CSS 基础”，项目 1.1 和项目 1.2 由杨华老师编写，项目 2.1 由徐立志老师编写，项目 2.2 由胡春霞老师编写；第 2 篇“HTML5+CSS3 开发基础与应用”包含模块 3“HTML5 基础”和模块 4“CSS3 基础”，项目 3.1 由崔艳敏老师编写，项目 3.2 由段佳炜老师编写，项目 4.1 由高舜男老师编写，项目 4.2 由张学超老师编写；第 3 篇“JavaScript 程序设计”包含模块 5“JavaScript 语法基础”和模块 6“JavaScript、DOM 和事件”，项目 5.1、5.2 由李强老师编写，项目 6.1 由袁福华老师编写，项目 6.2 由蔡云龙老师编写；第 4 篇“轻量级框架应用”包含模块 7“jQuery 基础”和模块 8“jQuery 效果”，项目 7.1、7.2 由李晓茹老师编写，项目 8.1、8.2 由张海英老师编写；前言和内容简介由乌仁塔娜老师编写。

本书的出版得到了学院教材委员会、相关院系的大力支持和帮助，在此一并表示感谢。由于 Web 前端行业的发展日新月异，加之编者水平及时间有限，书中难免存在不当之处，恳请广大读者批评指正并提出宝贵意见以使本书日臻完善。

编　者

**2025 年 7 月**

# 目　录

# 第1篇

# Web界面制作基础

## 模块1　HTML基础

### 知识目标

1. 了解HTML的历史，下载配置和运行环境。
2. 掌握HTML的结构、元素和属性。
3. 能够建立项目，并制作简单的网页。

### 技能目标

1. 能够根据主题需要，熟练地搜集并整理相关素材。
2. 掌握基本的HTML标题、段落、格式化、图片及超链接标签的应用。

### 素养目标

1. 具备严谨的工作作风，培育认真、踏实、细心、耐心的编程素养。
2. 具备积极主动的工作态度，培养较强的信息收集整理能力。
3. 通过说好普通话，写好规范字，培养民族自豪感。

## 项目1.1　说好普通话　写好规范字

### 1.1.1　项目效果

首页index.html效果图如图1-1所示。

图 1-1 首页 index.html 效果图

子页 page01.html 效果图如图 1-2 所示。

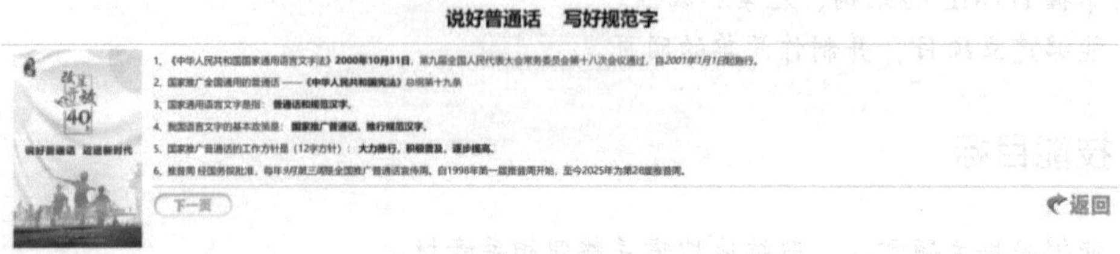


图 1-2 子页 page01.html 效果图

子页 page02.html 效果图如图 1-3 所示。

图 1-3 子页 page02.html 效果图

### 1.1.2　项目背景

一个引人入胜的网页，往往包含很多张图片。合理地进行图文混排，能使枯燥的网页变得丰富多彩。界面文字格式的不同，能够凸显重要信息。使用超链接能在界面间灵活跳转，便捷访问相关资料。

为了增强语言规范意识和推广普通话，以构造和谐社会语言环境为目标，全面宣传国家语言文字法规和政策，提升国家通用语言和文字的应用能力，弘扬中华优秀传统文化。现需要利用 HTML 语法及标记、文本格式标记、图像与超链接等知识制作一个主题为“说好普通话　写好规范字”的图文混排界面。

### 1.1.3　项目说明

（1）项目至少完成三个界面，当在首界面（首页）所示的界面区域单击时，跳转至第二界面。

（2）单击第二界面中的“上一页”按钮时，返回至首界面。单击“下一页”按钮时，跳转至第三界面。

（3）单击第三界面中的“上一页”按钮时，返回至上一界面。单击“返回”按钮时，跳转至首界面。

（4）主题鲜明，布局合理，实现基本功能，可根据提供的素材开展制作，鼓励围绕主题搜集图片、文字，体现自主创新。

### 1.1.4　项目规划

项目 1.1 规划导图如图 1-4 所示。

图 1-4　项目 1.1 规划导图

### 1.1.5　项目实施

（1）下载并解压缩 HBuilderX 软件，下载并安装 Chrome 浏览器。

（2）建立一个项目 pth，选取“基本 HTML 项目”模板。

（3）首界面的制作包括创建或打开一个新的 index.html 文档，<img>插入 images/t1.jpeg 图片，图片居中，宽度为 800 像素，加链接单击跳转到 page01.html。

源代码如下：

```
<!DOCTYPE html>
<html>
<head>
    <meta charset="utf-8">
    <title></title>
</head>
<body>
    <a href="page01.html">
        <p align="center">
        <img width="800" src="images/t1.jpeg">
        </p>
    </a>
</body>
</html>
```

（4）新建第二界面 page01.html 的具体操作步骤如下。

① <h2>级标题文字，设置水平居中。

② <hr/>插入水平分割线。

③ <img>插入 images/pth.webp 图片，设置图片宽度为 300 像素，水平间距为 30 像素，居左对齐。

④ <p>输入文字，文字内容见素材“文字.txt”，<b>加粗文字，<em>倾斜文字，设置不同格式文字加以醒目并加深印象。

⑤ <img>插入 images/“下一页”图片，加链接单击进入 page02.html 文件。

⑥ <img>插入 images/“返回”图片，加链接单击返回首页 index.html 文件。

源代码如下：

```
<!DOCTYPE html>
<html>
<head>
    <meta charset="utf-8">
    <title></title>
</head>
<body>
    <h1 align="center">说好普通话  写好规范字</h1>
    <hr>
    <img src="images/pth.webp" hspace="30" align="left" width="300">
    <div>
    <p>1、《中华人民共和国国家通用语言文字法》<b>2000 年 10 月 31 日</b>，第九届全国人民代表大会常务委员会第十八次会议通过，自<em>2001 年 1 月 1 日</em>起施行。</p>
    <p>2、国家推广全国通用的普通话
        ——<b>《中华人民共和国宪法》</b>总纲第十九条</p>
```

```
        <p>3、国家通用语言文字是指： <b>普通话和规范汉字</b>。</p>
        <p>4、我国语言文字的基本政策是： <strong>国家推广普通话，推行规范汉字
</strong>。</p>
        <p>5、国家推广普通话的工作方针是（12 字方针）：
        <strong>大力推行，积极普及，逐步提高</strong>。</p>
        <p>6、推普周经国务院批准，每年<em>9 月第三周</em>是全国推广普通话宣传周。
自 1998 年第一届推普周开始，至今 2025 年为第 28 届推普周。</p>
        <div>
        <hr>
        <a href="page02.html"><img src="images/down.png" align="left"></a>
        <a href="index.html"><img src="images/return.png" align="right"></a>
    </body>
    </html>
```

（5）新建第三界面 page02.html 的具体操作步骤如下。

① <h2>级标题文字，设置水平居中。

② <hr/>插入水平分割线。

③ <img>插入 images/t2.jpg，设置图片宽度为 800 像素，水平居中。

④ <p>输入文字，文字内容见“文字.txt”，<b>加粗文字，<em>倾斜文字，设置不同格式文字加以醒目并加深印象。

⑤ <img>插入 images/“下一页”图片，加链接单击进入 page02.html 文件。

⑥ <img>插入 images/“返回”图片，加链接单击返回首页 index.html 文件。

源代码如下：

```
<!DOCTYPE html>
<html>
<head>
        <meta charset="utf-8">
        <title></title>
</head>
<body>
        <h2 align="center">说好普通话  写好规范字</h2>
        <hr size="3" color="#ccc">
        <p> 经国务院批准，自 1998 年起，每年 9 月第三周为全国推广普通话宣传周。国
家推广普通话的工作方针是（12 字方针）：<b>大力推行，积极普及，逐步提高</b>。</p>
        <p align="center"><img src="images/t2.jpg" height="800px"></p>
        <hr size="3" color="#ccc">
         <a href="page01.html"><img src="images/up.png" ></a>
         <a href="index.html"><img src="images/return.png" align="right"></a>
        </body>
</html>
```

## 1.1.6　项目拓展

在 page01.html 中实现加粗、倾斜等效果。

## 1.1.7　知识储备

### 1. Web 简介

Web 中文译名为网站，是指在互联网上根据一定规则，使用 HTML 工具制作，用于展示特定内容、相关网页的集合。

Web 标准是一系列标准的集合，网页标准主要包含：结构标准（XML、HTML、XHTML）、表现标准（CSS）、行为标准（DOM、JavaScript）。

Web 服务器主要提供网上信息浏览服务，Web 服务器可以解析 HTTP 协议，能接受 HTTP 请求，会返回 HTTP 响应，客户端就可以获取网页（HTML），包括 CSS、JavaScript、音频、视频等资源。

### 2. 开发工具的安装与使用

HTML 常用的开发工具如下。

（1）Notepad++：https://notepad-plus-plus.org/downloads/。

（2）Visual Studio Code：https://code.visualstudio.com/。

（3）Sublime Text3：http://www.sublimetext.com/3。

（4）WebStorm：https://www.jetbrains.com/webstorm/download/。

（5）Atom：https://atom.io/。

（6）HBuilderX：https://www.dcloud.io/hbuilderx.html。

1）HBuilderX 的安装

HBuilderX 是 DCloud（数字天堂）推出的一款支持 HTML5 的 Web 开发的集成环境 IDE，HBuilderX 的编写用到了 Java、C、Web 和 Ruby 等编程语言。HBuilderX 主体本身由 Java 编写，同时兼容 Eclipse 的插件。

HBuilderX 下载网址：https://www.dcloud.io/hbuilderx.html。

2）谷歌浏览器的安装

Google Chrome 中文译名为谷歌浏览器，是一款由 Google 公司开发的网页浏览器。谷歌浏览器基于其他开源软件开发，其设计目标是稳定、快速、安全、简洁、高效，它对 HTML5 和 CSS3 等 Web 新标准提供良好的支持。

Google Chrome 下载地址：https://www.google.cn/intl/zh-CN/chrome/。

3）HTML 基础

（1）HTML 概述。

HTML 的中文为超文本标记语言（HyperText Markup Language），是为"网页创建和其他可在网页浏览器中看到的信息"设计的一种标记语言。

（2）HTML 基本结构。

HTML 的基本结构如下：

```
<!DOCTYPE   html>
<html>
```

```
    <head>
        <meta charset="utf-8">
        <title></title>
    </head>
    <body>
    </body>
</html>
```

其具体说明如下。

<!DOCTYPE>：声明为文档类型。

<html>：HTML 界面的根元素。

<head>：定义文档的头部，可以包含如下元素。

<title>：描述了文档的标题。

<link>：定义了文档与外部资源之间的关系，常用于链接到样式表。

<meta>：提供元数据，不显示在界面上，一般向浏览器传递信息或命令。

<body>：包含了可见的界面内容。

4）HTML 的元素

（1）HTML 的标题元素。

<h1>~<h6>标签可定义标题，<h1>定义最大的标题，<h2>、<h3>、<h4>用于较低层级，<h5>、<h6>多用于文档层级。

（2）水平分割线。

其语法如下：

```
<hr size="" width="" color=""/>
```

水平分割线 hr 标签在 HTML 界面中创建一条水平线，在视觉上将文档分隔成上下两部分。

（3）HTML 的段落元素。

<p> 标签定义段落，独占一行。

（4）HTML 的注释元素。

<!--…-->注释标签用来在源文档中插入注释，注释不会在浏览器中显示，注释开始标签和结束标签可以写在不同行，实现多行注释。

（5）HTML 的格式化元素。

<b>：定义粗体文本。

<em>：定义着重文字。

<i>：定义斜体字。

<small>：定义小号字。

<strong>：定义加重语气。

<sub>：定义下标字。

<sup>：定义上标字。

（6）HTML 的图片元素。

其语法如下：

```
<img src="" alt="" width="" height="" align="" title="" hspace="" vspace=""border="" >
```

常见图片类型：jpg/png/gif/webp 等。

img 的属性说明如下。

src：规定显示图像的路径 URL。

alt：规定图像的替代文本。

width：规定图像的宽度。

height：规定图像的高度。

align：规定图像的对齐属性，用于图文混排效果，属性值为 left/right/top/middle/bottom。

title：规定鼠标悬停时显示的内容。

hspace：设置图像左侧和右侧的空白（水平边距）。

vspace：设置图像顶部和底部的空白（垂直边距）。

border：设置图像的边框属性。

（7）HTML 的超链接元素。

其语法如下：

```
<a href="url" target=" "></a>
```

超链接属性说明如下。

href：定义链接目标。这是超链接最重要的属性。

target：定义链接的打开方式，属性值为_blank/_self/parent/top。

_blank：在新窗口或新标签中打开链接。

_self：在当前窗口或标签页中打开链接（默认）。

_parent：在父框架中打开链接。

_top：在整个窗口中打开链接，取消任何框架。

① 锚点链接：<a href="i"d 名">，id 名。

② 邮件链接：<a href=mailto:></a>。

③ 空链接：<a href="#"/""></a>。

（8）HTML 的预留字符。

常见的 HTML 预留特殊字符如表 1-1 所示。

**表 1-1　常见的 HTML 预留特殊字符**

| 特殊字符 | 描述 | 字符的代码 |
|---|---|---|
|  | 空格符 |   |
| < | 小于号 | < |
| > | 大于号 | > |
| ¥ | 人民币 | ¥ |
| © | 版权 | © |
| ® | 注册商标 | ® |
| & | 和号 | & |
| ° | 摄氏度 | ° |
| ± | 正负号 | &plismn; |

（9）HTML 的表格元素。

表格用<table>标签定义。表格标题用<caption>标签定义，每个表格有若干行，用<tr>标签定义，每行被分为若干个单元格，用<td>标签定义，当单元格是表头时，一般用<th>标签定义。

当表格分成头部、主体、底部时，就可以用<thead><tbody><tfoot> 3 个标签构建表格，对这 3 个标签，每个标签同样有若干行。

<table><caption><tr><td><thead><tbody><tfoot>标签均支持全局标准属性和全局事件属性。

<table>标签常用属性如表 1-2 所示。

**表 1-2 <table>标签常用属性**

| 属性 | 含义 |
|---|---|
| border | 设置表格的边框宽度 |
| width | 设置表格的宽度 |
| height | 设置表格的高度 |
| cellpadding | 设置内边距 |
| cellspacing | 设置外边距 |

<td>的常用属性有两个：

① colspan，用于定义单元格跨行；

② rowspan，用于定义单元格跨列。

<tbody><thead><tfoot>标签通常用于对表格内容进行分组。

## 职业技能等级考证提要

1．能够使用 HTML 文档声明标签、头部标签、主体标签等构建网页基本结构。

2．能够使用文本标签、图像等搭建静态网页。

3．能够使用超链接完成界面跳转。

## 职业技能训练

### 1．单项选择题

（1）以下标记符中，没有对应的结束标记的是（　　）。

A. <html>　　B. <body>　　C. <title>　　D. <br>

（2）下面哪项不属于 HTML 文档的基本组成部分？（　　）。

A. <body> </body>　　B. <html> </html>　　C. <head> </head>　　D. <p></p>

（3）HTML 指的是（　　）。

A. 超文本标记语言（HyperText Markup Language）

B. 家庭工具标记语言（Home Tool Markup Language）

C. 超链接和文本标记语言（Hyperlinks and Text Markup Language）

D. 以上说法都不对

（4）以下标记符中，设置界面标题的是（　　）。

A. <title>　　B. <caption>　　C. <html>　　D. <head>

（5）在 HTML 中，可以使用（　　）标记向网页中插入 GIF 动画文件。

A. <TABLE>　　B. <IMG>　　C. <BODY>　　D. <FORM>

（6）想要使用户在单击超链接时，弹出一个新的网页窗口，代码是（　　）。

A. <A href="right.html" target="_ parent" >新闻</A>

B. <A href= "right.html" target=". _blank" >新闻</A>

C. <A href="right.html" target="_ top" >新闻</A>

D. <A href= "right.html" target=". self" >新闻</A>

**2. 多项选择题**

（1）以下（　　）内容是 HTML 文件的头部内容所包括的。

A. 自动刷新、CSS 样式　　B. 注释、表单域

C. 网页标题、关键字　　D. 作者信息网页描述、基础地址

（2）关于相对路径，以下说法正确的有（　　）。

A. 如果在链接中源端点和目标端点位于同一个目录下，则链接路径中只需要指明目标端点的文档名称即可

B. 如果在链接中源端点和目标端不在同一个目录下，就无法使用相对路径

C. 如果在链接中源端点和目标端点不在同一个目录下，就需要将目录的相对关系也表示出来

D. 相对路径表述的是源端点同目标端之间的相互位置

**3. 判断题**

（1）在 W3C 规范中，每一个标签都应当闭合，使用<br> </br>可以实现和段落标签<p> </p>同样的效果。（　　）

（2）<span>标签简单而言是一个没有默认样式的区块容器标签。（　　）

**4. 技能实训题**

实训“课程信息管理系统”首页效果图如图 1-5 所示。

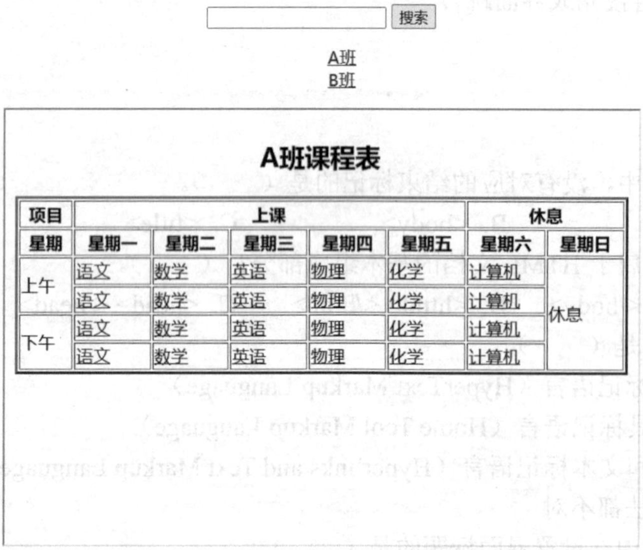


图 1-5　实训“课程信息管理系统”首页效果图

单击 B 班的效果图如图 1-6 所示。

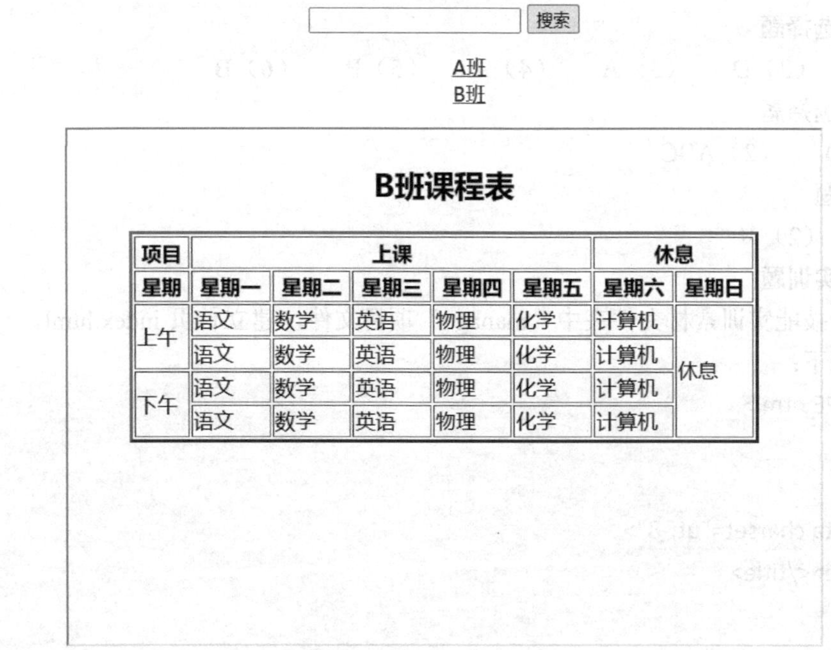


图 1-6　单击 B 班的效果图

单击课程表中的语文效果图如图 1-7 所示。

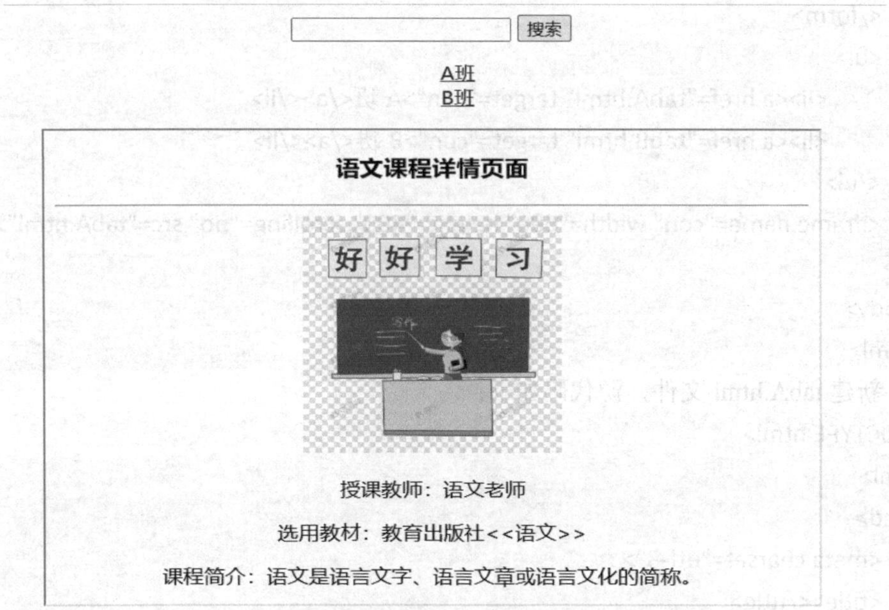


图 1-7　单击课程表中的语文效果图

## 职业技能训练答案

1. 单项选择题

（1）D　（2）D　（3）A　（4）A　（5）B　（6）B

2. 多项选择题

（1）ACD　（2）ABC

3. 判断题

（1）×　（2）×

4. 技能实训题

（1）打开技能实训素材文件夹中“manage”项目文件，建立首页 index.html。

源代码如下：

```
<!DOCTYPE html>
<html>
<head>
    <meta charset="utf-8">
    <title></title>
</head>
<body align="center">
    <form>
        <input type="text">
        <input type="submit" value="搜索"/>
    </form>
    <ul>
        <li><a href="tabA.html" target="con">A 班</a></li>
        <li><a href="tabB.html" target="con">B 班</a></li>
    </ul>
    <iframe name="con" width="600" height="400" scrolling="no" src="tabA.html">
</iframe>
</body>
</html>
```

（2）新建 tabA.html 文件，源代码如下：

```
<!DOCTYPE html>
<html>
<head>
    <meta charset="utf-8">
    <title></title>
</head>
<body>
  <table border="3px" align="center" width="580" >
```

```
<caption><h2>A 班课程表</h2></caption>
<tr>
    <th>项目</th>
    <th colspan="5" align="center">上课</th>
    <th colspan="2" align="center">休息</th>
</tr>
<tr>
    <th>星期</th>
    <th>星期一</th>
    <th>星期二</th>
    <th>星期三</th>
    <th>星期四</th>
    <th>星期五</th>
    <th>星期六</th>
    <th>星期日</th>
</tr>
<tr>
    <td rowspan="2">上午</td>
    <td><a href="sub1.html">语文</a></td>
    <td><a href="sub2.html">数学</a></td>
    <td><a href="sub3.html">英语</a></td>
    <td><a href="sub4.html">物理</a></td>
    <td><a href="sub5.html">化学</a></td>
    <td><a href="sub6.html">计算机</a></td>
    <td rowspan="4" >休息</td>

</tr>
<tr>
    <td><a href="sub1.html">语文</a></td>
    <td><a href="sub2.html">数学</a></td>
    <td><a href="sub3.html">英语</a></td>
    <td><a href="sub4.html">物理</a></td>
    <td><a href="sub5.html">化学</a></td>
    <td><a href="sub6.html">计算机</a></td>
</tr>
<tr>
    <td rowspan="2">下午</td>
    <td><a href="sub1.html">语文</a></td>
    <td><a href="sub2.html">数学</a></td>
```

```
            <td><a href="sub3.html">英语</a></td>
            <td><a href="sub4.html">物理</a></td>
            <td><a href="sub5.html">化学</a></td>
            <td><a href="sub6.html">计算机</a></td>
        </tr>
        <tr>
            <td><a href="sub1.html">语文</a></td>
            <td><a href="sub2.html">数学</a></td>
            <td><a href="sub3.html">英语</a></td>
            <td><a href="sub4.html">物理</a></td>
            <td><a href="sub5.html">化学</a></td>
            <td><a href="sub6.html">计算机</a></td>
        </tr>
    </table>
</body>
</html>
```

（3）新建 tabB.html 文件，内容参照 tabA.html 文件。

（4）新建课程详情页 sub1.html 文件，源代码如下：

```
<!DOCTYPE html>
<html>
<head>
    <meta charset="utf-8">
    <title>课程详情页</title>
</head>
<body align="center">
    <h3>语文课程详情界面</h3>
    <hr/>
    <img src="yw.png" width="200"/>
    <p>授课教师：语文老师</p>
    <p>选用教材：教育出版社&lt;&lt;语文&gt;&gt;</p>
    <p>课程简介：语文是语言文字、语言文章或语言文化的简称。</p>
</body>
</html>
```

（5）其他课程详情页参照 sub1.html 文件。

## 学习资源

1．电子文档：教学 ppt“模块 1 HTML 基础”或教案。

2．附件资料：素材、工具软件。

# 项目 1.2　新闻网站

## 1.2.1　项目效果

登录页 login.html 效果图如图 1-8 所示。

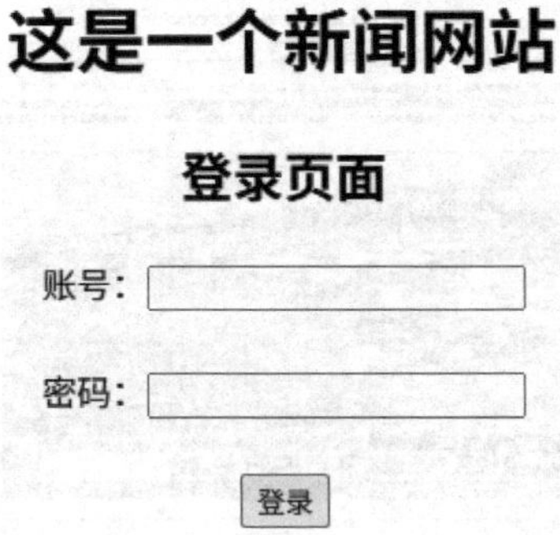


图 1-8　登录页 login.html 效果图

新闻首页 news.html 效果图如图 1-9 所示。

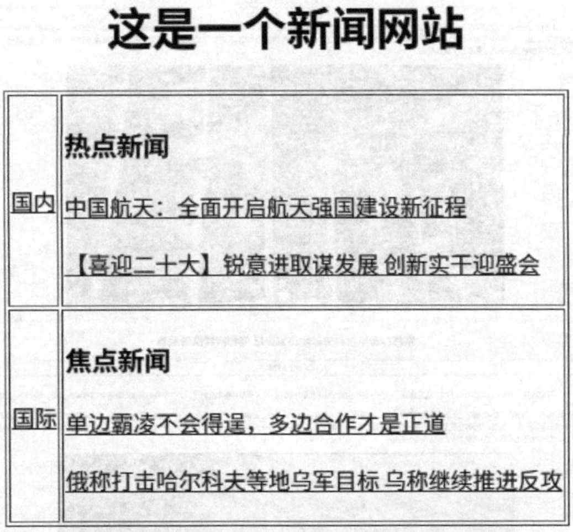


图 1-9　新闻首页 news.html 效果图

子界面国内新闻 china.html 效果图如图 1-10 所示。

图 1-10　子界面国内新闻 china.html 效果图

子界面国际新闻 world.html 效果图如图 1-11 所示。

图 1-11　子界面国际新闻 world.html 效果图

### 1.2.2　项目背景

新闻网站是利用现代化信息手段了解时事不可缺少的工具。为了引导学生关注国家大事，拓宽政治视野，让学生能够做到“国事家事天下事，事事关心”，杜绝“两耳不闻窗外事”的情况，使用 HTML 列表、表格和表单制作一个“新闻网站”的界面。

为便于用户阅读，通常将网页信息以列表、表格和表单的形式呈现。合理地使用列表、表格、表单，能够为用户提供充分的信息和快捷的查询手段，把信息按主题分类，有序排列、条理清晰，便于用户阅读，快速访问相关信息。

HTML 语言用<table>标签定义表格，用<tr><td><th>标签定义标题、行、单元格、表头等。

HTML 语言提供了 3 种常用列表，分别为无序列表、有序列表和定义列表。

HTML 语言使用表单与用户进行交互，完成账号注册、账号登录、搜索、用户调查等功能。网页内的表单用<form>标签定义。

### 1.2.3　项目说明

（1）制作“登录”界面，在“登录”界面输入用户信息后，单击“登录”按钮跳转至新闻首页。

（2）制作新闻首页，新闻首页中包含若干新闻分类列表，每个新闻分类列表中包含若干条新闻。

（3）主题鲜明，布局合理，实现基本功能，可根据提供的素材开展制作，鼓励围绕主题搜集图片、文字，体现自主创新。

### 1.2.4　项目规划

项目 1.2 规划导图如图 1-12 所示。

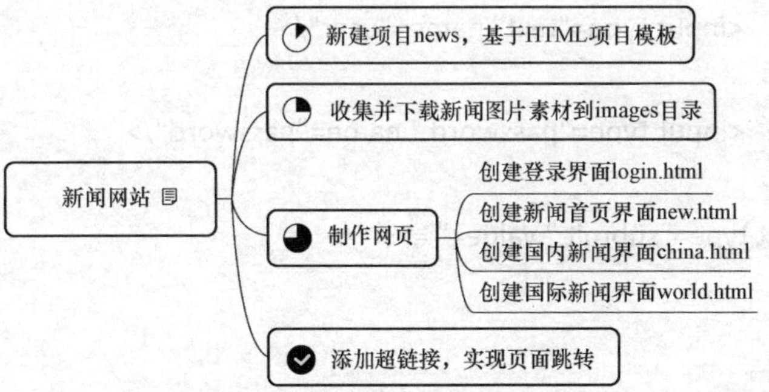


图 1-12　项目 1.2 规划导图

### 1.2.5　项目实施

（1）建立一个项目 news，选取“基本 HTML 项目”模板。

（2）登录页的制作，创建新的 login.html 文档，修改标题为“登录”。

login.html 源代码如下：

```
<!DOCTYPE html>
<html>
<head>
    <meta charset="utf-8">
    <title>登录</title>
</head>
<body>
</body>
</html>
```

（3）添加“登录”界面内容。

① <form>标签创建一个表单，在 form 表单中创建 input 文本框、input 密码文本框和“登录”按钮。

② <hr/>插入水平分割线。

源代码如下：

```
<!DOCTYPE html>
<html>
<head>
    <meta charset="utf-8">
    <title>登录</title>
</head>
<body>
    <h1>这是一个新闻网站</h1>
    <h2>登录界面</h2>
    <form action="news.html" method="get">
        账号：<input type="text" name="user"/>
        <br />
        密码：<input type="password " name="password"/>
        <br />
        <input type="submit " value="登录"/>
    </form>
</body>
</html>
```

（4）创建新闻首页 news.html，具体操作如下。

① <title>标签内容修改为“新闻”。

② <h1>添加网站标题：这是一个新闻网站。

③ <table>创建主题表格。

④ <tr>表格添加行。

⑤ <td>添加表格单元。

源代码如下：

```
<!DOCTYPE html>
<html>
<head>
      <meta charset="utf-8">
      <title></title>
</head>
<body>
      <h1 align="center">这是一个新闻网站</h1>
      <table border="1" align="center">
            <tr>
      <td><a href="chinA、HTML">国内</a></td>
      <td>
<h3>热点新闻</h3>
<p><a href="china.html">中国航天：全面开启航天强国建设新征程</a></p>
<p><a href="china.html">【喜迎二十大】锐意进取谋发展 创新实干迎盛会</a></p>
      </td>
            </tr>
            <tr>
                  <td><a href="world.html">国际</a></td>
                  <td>
                        <h3>焦点新闻</h3>
<p><a href="world.html">单边霸凌不会得逞，多边合作才是正道</a></p>
<p><a href="world.html">俄称打击哈尔科夫等地乌军目标 乌称继续推进反攻</a></p>
      </td>
            </tr>
      </table>
</body>
</html>
```

（5）新建国内新闻界面 china.html。

界面分成四个部分：上面是标题；中间是锚点链接，可以定位到新闻的不同板块；下面是新闻详细内容；底部是一个“回到顶部”的锚点。

源代码如下：

```
<!DOCTYPE html>
<html>
<head>
      <meta charset="utf-8">
      <title></title>
```

```
</head>
<body>
        <h1 align="center" id="top">这是一个新闻网站</h1>
        <p align="center"><a href="#ht"><span>中国航天：全面开启航天强国建设新征程
</span></a>    
        <a href="#xy"><span>【喜迎二十大】锐意进取谋发展 创新实干迎盛会
</span></a></p>
    <table border="1" id="ht" width="70%" align="center">
        <tr><td align="center"><h3 >中国航天：全面开启航天强国建设新征程
</h3></td></tr>
        <tr><td align="center">新闻联播讯 2022/09/14</td></tr>
        <tr><td style="padding:10px">
        <p>央视网消息（新闻联播）：习近平总书记指出，探索浩瀚宇宙，发展航天事业，
建设航天强国，是我们不懈追求的航天梦。党的十八大以来，中国航天坚定道路自信，把科
技自立自强作为航天事业发展的战略支撑，在关键核心技术领域实现密集突破，我国航天强
国建设正在阔步前行。</p>
        <p>这是我国航天员刚刚完成的空间站第五次出舱。目前，由天和核心舱、问天实验
舱、神舟十四号、天舟四号组成的空间站组合体正翱翔在距离地球 400 公里的太空。不久之
后，梦天实验舱也将到来，中国空间站即将全面建成。</p>
        <p> 太空探索永无止境，逐梦之路永不停歇。中国航天正在以全新的姿态在全面建
设航天强国的征程上奋勇前进。</p>
        <p align="center"><img src="images/img3.png"></p>
        </td></tr>
    </table>
    <table border="1" id="xy" width="70%" align="center">
        <tr><td><h3 align="center">【喜迎二十大】锐意进取谋发展 创新实干迎盛会
</h3></td></tr>
        <tr><td align="center">新闻联播讯 2022/09/14</td></tr>
        <tr><td style="padding:10px">
            <p>央视网消息（新闻联播）：党的二十大召开在即，广大干部群众表示，要以
更加昂扬的奋斗姿态锐意进取、奋发有为，用实际行动迎接党的二十大胜利召开。金秋时节，
神州大地一片丰收景象。在黑龙江垦区军川农场，稻花飘香，预计今年亩产超过 1200 斤。
在安徽颍上，小瓜蒌成为当地村民增收致富大产业，人们带着丰收的喜悦迎接党的二十大。
在建设工地，广大建设者坚守一线，喜迎盛会。在江西宜春，国家重大水利项目——四方井
水利枢纽工程进入尾声，建设者们正在做最后冲刺。在贵州，今年将完成 1 万个 5G 基站建
设，实现市区、县城、乡镇重点区域 5G 网络覆盖。
        <p align="center"><img src="images/img4.png"></p>
        </td></tr>
    </table>
```

```
<a href="#top">回到顶部</a>
</body>
</html>
```

（6）新建国际新闻界面 world.html，源代码如下：

```
<!DOCTYPE html>
<html lang="en">
<head>
    <meta charset="UTF-8">
    <title>Title</title>
</head>
<body>
  <h1 id="top" align="center">这是一个新闻网站</h1>
  <table align="center" width="40%">
  <tr>
   <td align="center"><a href="#xg">单边霸凌不会得逞，多边合作才是正道</a></td>
   <td align="center"><a href="#ew">俄称打击哈尔科夫等地乌军目标 乌称继续推进反
攻</a></td>
  </tr>
  </table>
  <table border="1" id="xg" align="center" width="70%">
  <tr>
   <td><h2 align="center">单边霸凌不会得逞，多边合作才是正道</h2></td>
  </tr>
  <tr>
          <td align="center"><span>新闻联播讯  2022/09/14</span></td>
      </tr>
      <tr>
          <td align="left"    style="padding:10px">
   <p>美国政府滥施关税加剧全球贸易紧张局势，严重干扰世界经济和贸易秩序，美方单
边主义、保护主义做法持续遭到国际社会强烈反对和批评。多国人士认为，美国肆意挥舞“关
税大棒”无视规则与底线，人为制造各种不确定性，将极大增加全球发展风险，最终将损害
包括美国在内的各国人民的共同利益。中国坚定不移推进高水平对外开放，坚持同各国开展
互利共赢合作、共享发展机遇，彰显了负责任大国担当。</p>
         <p align="center"> <img src="images/img5.png" alt=""></p></td>
      </tr>
    </table>
    <table border="1" id="ew" align="center" width="center">
      <tr>
```

```
<td><h2 align="center">俄称打击哈尔科夫等地乌军目标 乌称继续推进反攻</h2></td>
        </tr>
        <tr>
            <td align="center"><span>新闻联播讯 2022/09/15</span></td>
        </tr>
        <tr align="left" >
            <td style="padding:10px"><p>央视网消息（新闻联播）：俄罗斯国防部 12 日称，俄军在哈尔科夫州库皮扬斯克和伊久姆地区对乌军人员和装备实施打击，并在尼古拉耶夫州等地摧毁乌军军火库、电子战站点等目标。</p>
<p>西方加码对俄制裁，欧洲能源危机持续，民众生活成本不断上涨。加拿大专栏作家蕾切尔·马斯登近日撰文指出，6 月份美国、欧盟曾发表声明称，要展开合作减少欧洲对俄罗斯能源的依赖。但随着欧洲陷入能源危机，美国能源部长珍妮弗·格兰霍姆近日却要求美国能源企业不要继续增加能源出口，就像是面对一个疯狂敲门求助的朋友，美国却假装自己不在家。文章说，美国总是优先考虑自身利益，而欧洲正濒临失败的边缘。</p>
            <p align="center"><img src="images/img6.png" alt=""></p></td>
        </tr>
    </table>
    <a href="#top">回到顶部</a>
</body>
</html>
```

（7）实现界面跳转。

①“登录”界面（login.html）跳转到新闻界面（news1.html），action 属性中写新闻界面地址，method 属性中写表单提交方式。在 login.html 文件中添加代码如下：

```
<form action="news.html" method="get">
```

② 新闻首页（news1.html）跳转到新闻子界面（china.html、world.html），利用<a>标签的 herf 属性跳转至新闻子界面。

news1.html 源代码如下：

```
<h3><a herf="chinA、HTML">国内：</a></h3>
<h3><a herf="world.html">国际：</a></h3>
```

### 1.2.6 项目拓展

在子界面底部添加跳转头部的锚点链接，迅速定位到界面顶端。

### 1.2.7 知识储备

#### 1. HTML 列表元素

通常人们会将相关信息以列表的形式放在一起，这样会使内容显得更加有条理性，HTML 提供了 3 种列表模式，具体如下。

1）无序列表

无序列表是一个项目的列表，各个列表项之间没有顺序级别之分，无序列表以<ol>标签开始。每个列表项都以<li>标签开始。<ul>的 type 属性定义图形符号的样式，属性值为 disc（点）默认、square（方块）、circle（圆）、none（无）等，但由于实际使用并不美观，通常用 CSS 指定前缀样式。

无序列表的语法：

```
  <ul [type="disc/square/circle/none"]>
      <li></li>...
</ul>
```

2）有序列表

有序列表即为有排列顺序的列表，其各个列表项按照一定的顺序排序，它的前缀通常为数字、字母或罗马数字，用<ol>定义有序列表，用<li>定义列表项，<ol>的 type 属性定义图形符号的样式，属性值为 1（数字）默认，A（大写字母）、a（小写字母）、I（大写罗马数字）、i（小写罗马数字），<ol>用 start 属性定义序号的开始位置。

有序列表的语法：

```
<ol [type="1/a/A/i/I"][start="n"]>
      <li></li>...
</ol>
```

3）定义列表

定义列表常用于对术语或名词进行解释和描述，列表项前没有项目符号。

定义列表的语法：

```
 <dl>
      <dt>名词</dt>
      <dd>名词解释 1</dd>…
</dl>
```

4）列表的嵌套使用

无序列表、有序列表可以相互嵌套。

### 2. HTML 的表单控件

在设计网页时，经常会遇到账号注册、账号登录、搜索、用户调查等，HTML 使用表单与用户进行交互。

表单控件允许用户在表单中输入内容，如文本框、文本域、单选按钮、复选框、下拉列表、按钮等。

表单由<form>标签定义，其他的表单控件必须放在<form>内部。

<form>标签最重要的属性为 action 和 method。action 属性定义表单提交的地址，通常为一个 URL 地址。method 属性定义表单的提交方式，通常用 post，有时会用 get。

（1）<input>控件。

表单控件<input>是表单元素中用得最多的一种元素，通常网页中的单行文本输入框、单选按钮、复选框、提交按钮等都是通过 input 控件定义的。通过 type 的属性值定义不同类型的表单控件，如表 1-3 所示。

**表 1–3 input 表单元素的 type 类型**

| type 的属性值 | 类型 | 用途 |
|---|---|---|
| <input type="text"> | 单行文本框 | 可以输入一行文本，可以通过 size 和 maxlength 定义显示的宽度和最大字符数 |
| <input type="password"> | 密码输入框 | 可以输入一行文本，该区域字符会被掩码 |
| <input type="radio"> | 单选按钮 | 相同 name 属性的单选按钮只能选一个 |
| <input type="checkbox"> | 多选按钮 | 可以多选的选择框 |
| <input type="submit"> | 提交按钮 | 单击后会将表单数据发送到服务器 |
| <input type="reset"> | 重置按钮 | 单击后会清除表单中的所有数据 |
| <input type="button"> | 按钮 | 定义按钮 |
| <input type="image"> | 图片形式提交按钮 | 提交按钮，用 src 属性赋予图片 URL |
| <input type="file"> | 选择文件控件 | 用于上传文件 |
| <input type="hidden"> | 隐藏的输入按钮 | 用于定义隐藏的参数 |

<input>元素最重要的两个属性为 name 和 value。

（2）下拉列表或滚动列表。

语法格式：

```
<select>
   <option>选项 1</option>…
</select>
```

属性：<select>属性 size 是指定下拉菜单的可见选项数，当 multiple="multiple"时，按住 Ctrl 键的同时选择多项。

<option>属性 selected="selected"，当前选项为默认选中项。

（3）Textarea 元素。

多行文本输入框，cols，rows 为必选属性。

语法格式：

```
<textarea   cols="每行中的字符数"   rows="显示的行数" >
      文本内容
<textarea>
```

### 3. HTML 的框架元素

<iframe> 标签规定一个内联框架。一个内联框架被用来在当前 HTML 文档中嵌入另一个文档。

语法格式：

```
<iframe   src="界面 url" width height style ></iframe>
```

## 职业技能等级考证提要

1．能够使用 HTML 表单标签、列表标签等搭建静态网页。
2．能够使用超链接完成界面跳转。

## 职业技能训练

**1．单项选择题**

（1）在 HTML 中，（　　）标签用于在网页中创建表单。

A. 〈FORM〉　　B. 〈SELECT〉
C. 〈INPUT〉　　D. 〈TABLE〉

（2）在 HTML 语言中，设置表格中文字与边框距离的标签是（　　）。

A. 〈TABLE cellspacing=#>　　B. 〈TABLE border=#>
C. <TABLE width=#>　　D. <TABLE cellpadding=#>

（3）下列哪一项不是表单元素？（　　）

A. 〈select〉　　B. 〈input〉
C. 〈img〉　　D. 〈textarea〉

**2．多项选择题**

（1）在 HTML 中，属于表格<table>标记属性的有（　　）。

A. width　　B. bgcolor
C. cellspacing　　D. cellpadding

（2）在 HTML 文件中应用 abc.CSS 文件中的样式的方法有（　　）。

A. 〈link href="abc.CSS" type="text/CSS" rel="stylesheet">
B. <style type="text/CSS">@import url（abc.CSS）;</style>
C. <style type="text/CSS">import url（abc.CSS）;</style>
D. <style type="text/CSS">@import（abc.CSS）;</style>

**3．判断题**

（1）任何标签都可以通过加 style 属性来直接定义它的样式。（　　）
（2）在 HTML 表格中，rowspan 属性能够实现单元格跨列。（　　）

**4．技能实训题**

在当今互联网技术高速发展的时代，搜索引擎是用户使用率最高的网络服务工具之一。本项目为“搜索引擎”网站。

项目名称为“search”，包括搜索主界面 index.html、第一个标签页 tab1.html、第二个标签页 tab2.html 和 img 文件夹，其中，img 文件夹包括图片 logo.png。界面布局和内容如下。

（1）index.html 为搜索主页，分为三部分，自上而下依次是：搜索框、分类标签和搜索结果。其中，搜索结果使用 iframe 标签定义，显示 tab1.html 或 tab2.html。

（2）tab1.html 为搜索结果页，是“标签页 1-网页”的搜索结果，第一部分是搜索结果列表，第二部分是分页页码。其中，使用 2 个 table 进行布局。

（3）tab2.html 为搜索结果页，是“标签页 2-资讯”的搜索结果，第一部分是搜索结果列表，第二部分是分页页码。其中，使用 1 个 table 进行布局，如图 1-13、图 1-14 所示。

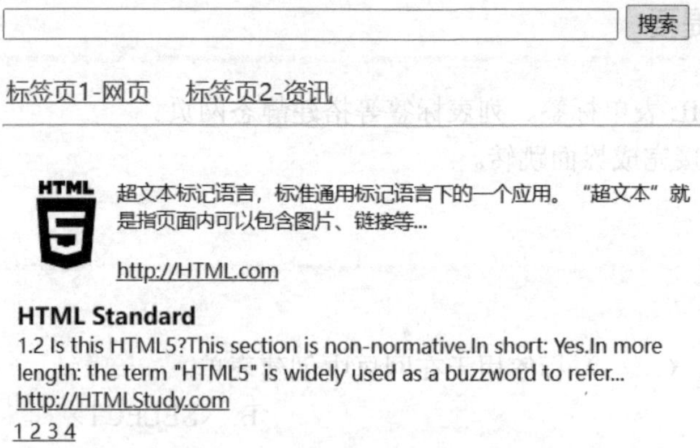


图 1-13 标签页 1-网页效果图

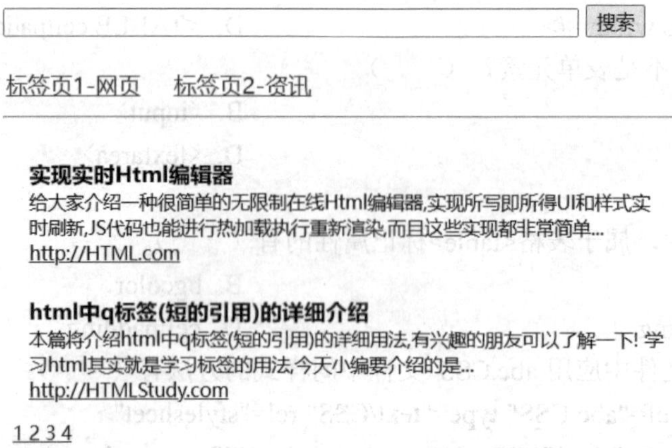


图 1-14 标签页 2-网页效果图

## 职业技能训练答案

1. 单项选择题

（1）A （2）D （3）C

2. 多项选择题

（1）ABCD （2）AB

3. 判断题

（1）√ （2）×

4. 技能实训题

打开技能实训素材文件夹中项目文件“search”，tab1. html 和 tab2. html 已建立，新建 index. html，使用 iframe 框架显示 tab1. html 和 tab2. html。

index. html 源代码如下：

```
<!DOCTYPE html><!-- 文档声明 -->
<html>
```

```
<head>
    <meta content="text/HTML;" charset="utf-8"><!--  文档字符编码为 utf-8 -->
    <title>搜索</title><!--  设置文档标题为"搜索" -->
    <style>
        .search_val {width: 400px;margin-bottom: 20px;}/*设置搜索框为 400px，底部外边
距为 20px*/
        a{margin-right: 20px}/*设置 a 链接的右边距为 20px*/
    </style>
</head>
<body>
    <form action="index.html" method="get">
        <input type="text" class="search_val">
        <input type="submit" value="搜索"/><!--  提交按钮  -->
    </form>
    <table><!--在 iframe 框架中打开被链接文档 tab1.html 或 tab2.html-->
        <tr><td><a href="tab1.html" target="main">标签页 1-网页</a></td>
            <td><a href="tab2.html" target="main">标签页 2-资讯</a></td></tr>
    </table>
    <hr/>
    <!-- tab1.html 显示在  iframe  中  -->
    <iframe name="main" id="main" src="tab1.html" width="500px" height="280px"
    frameborder="0" ></iframe>
</body>
</html>
```

## 学习资源

1. 电子文档：教学 ppt“模块 1 HTML 基础”或者教案。
2. 附件资料：项目素材。

# 模块 2　CSS 基础

## 知识目标

1. 了解 CSS 的历史。
2. 精通 CSS 的语法和两个特性。
3. 精通 CSS 的选择器和属性。
4. 了解盒子模型的概念，掌握 CSS 盒子模型的属性。
5. 掌握 CSS 浮动属性和定位属性。
6. 能够制作 DIV+CSS 布局的网页。

## 技能目标

1. 能够根据主题需要，实现布局设计合理、定位准确。
2. 掌握 CSS 选择器的功能。
3. 掌握字体样式、文本样式、颜色、背景功能。
4. 掌握 CSS 的区块、网页布局属性的功能，以及盒子模型。
5. 掌握 CSS 盒模型的内边距、外边距、边框属性、CSS 浮动属性和定位属性综合应用。

## 素养目标

1. 培养学生分析和解决问题的能力及良好的沟通能力，培养学生色彩搭配的能力，培养学生养成规范化、标准化的代码编写习惯。

2. 培养学生具备积极主动的工作态度，培养学生较强的信息收集和整理能力。

3. 在作品中融入民族精神、家国情怀，增强学生的民族认同感。

## 项目 2.1　购物网站

### 2.1.1　项目效果

购物首页 gw.html 效果图如图 2-1 所示。

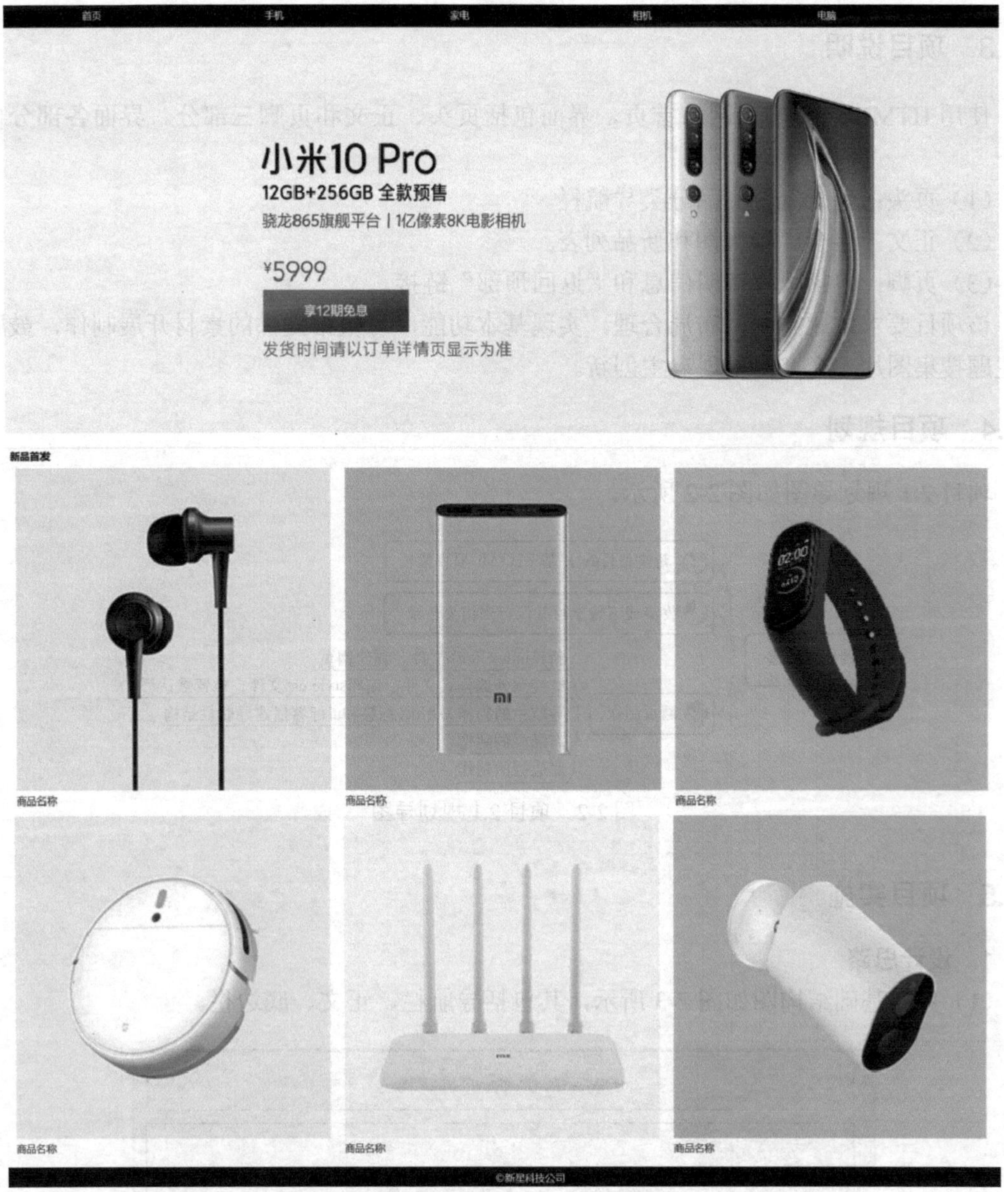


图 2-1　购物首页 gw. html 效果图

## 2.1.2　项目背景

小米是我们中国的品牌。小米公司（全称北京小米科技有限责任公司）由雷军在 2010 年 4 月 6 日创立，它位于北京银谷大厦，是一家专注于智能产品自主研发的移动互联网公司。

小米的产品主要有 MIUI、米聊、手机、电视、路由器等。小米公司想要发布新产品，请根据“为发烧而生”的小米产品理念设计网页，合理地进行图文混排，凸显重要信息。

利用 CSS 选择器、布局、盒子模型，以及文本样式、颜色、背景功能制作小米产品“购物网站”。

### 2.1.3　项目说明

使用 HTML 制作购物网站首页，界面包括页头、正文和页脚三部分。界面各部分内容如下。

（1）页头：包含一个商品分类导航栏。

（2）正文：包含广告大图和新品列表。

（3）页脚：包括版权声明信息和“返回顶部”链接。

该项目要求主题鲜明，布局合理，实现基本功能，可根据提供的素材开展制作，鼓励围绕主题搜集图片、文字，体现自主创新。

### 2.1.4　项目规划

项目 2.1 规划导图如图 2-2 所示。

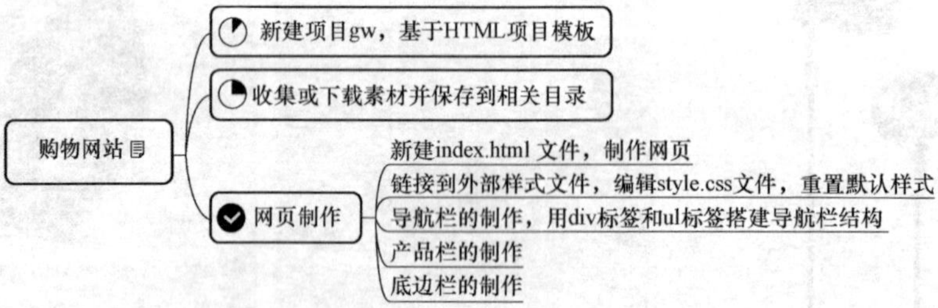


图 2-2　项目 2.1 规划导图

### 2.1.5　项目实施

#### 1. 设计思路

（1）界面基础结构图如图 2-3 所示，其包括导航栏、正文、底边栏。

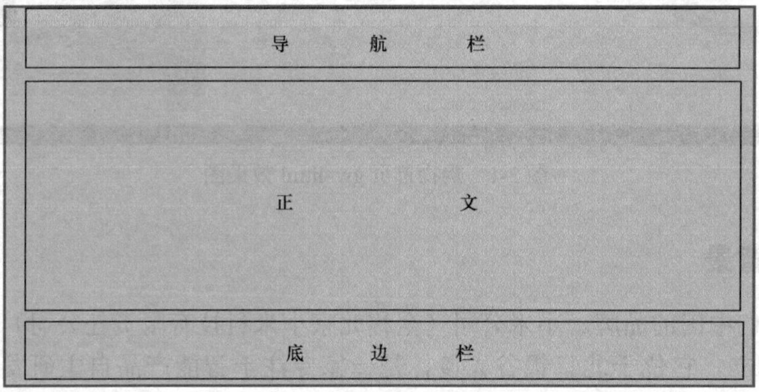


图 2-3　界面基础结构图

导航栏：<div>下外边距为 20 px；宽度为 100%；背景色#222；<body>字体大小为 14 px。

正文：<div>宽度为 100%；上外边距为 10 px；下外边距为 20 px；溢出隐藏。

底边栏：<div>相对定位宽度为 100%；高度为 30 px。

（2）板块详细结构。

导航栏结构图如图 2-4 所示。

图 2-4　导航栏结构图

<ul>：外边距 0；内边距 0；显示为表格；宽度 100%。

<li>：清除列表默认样式；显示为表格单元格。

<a> 显示为块级元素；居中；字体颜色为白色。

（3）正文结构设计图如图 2-5 所示。

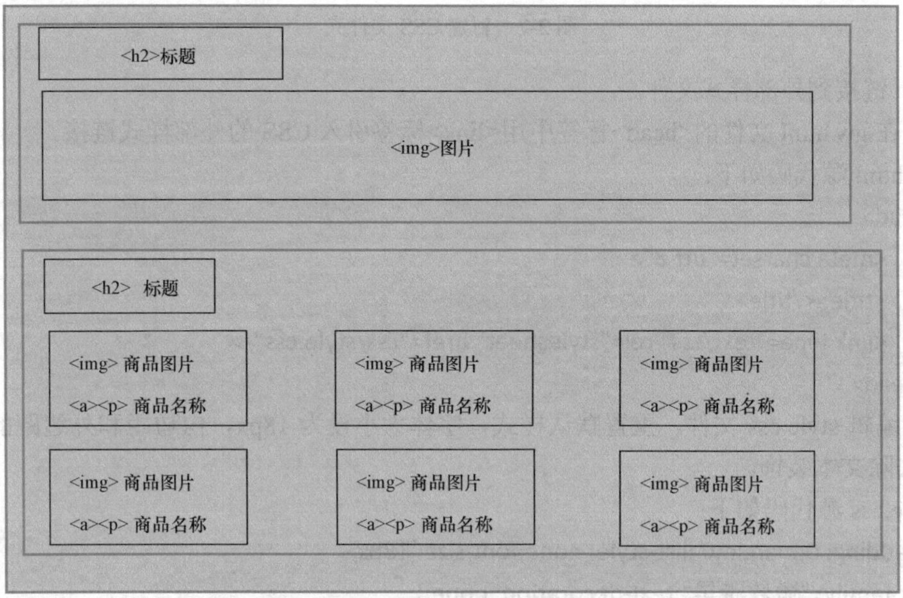


图 2-5　正文结构设计图

（4）底边栏结构设计图如图 2-6 所示。

图 2-6　底边栏结构设计图

**2. 项目实施步骤**

（1）建立一个项目 gw，选取“基本 HTML 项目”模板。

（2）首页的制作，创建或打开一个新的 gw.html 文档，源代码如下：

```
<!DOCTYPE html>
<html>
<head>
```

```
        <meta charset="utf-8">
        <title>购物网站</title>
    </head>
    <body>
    </body>
    </html>
```

（3）新建 CSS 文件夹如图 2-7 所示，新建 style.css 文件，作为样式表。

图 2-7　新建 CSS 文件夹

（4）链接到外部样式文件。

① 在 gw.html 文件的<head>标签中用<link>标签引入 CSS 的外部样式链接。

gw.html 源代码如下：

```
<head>
    <meta charset="utf-8">
    <title></title>
    <link type="text/css" rel="stylesheet" href="css/style.css"/>
</head>
```

② 编辑 style.css 文件，重置默认样式，字体大小设为 18px，内边距和外边距的默认值为 0，去除文本装饰。

style.css 源代码如下：

```
*{padding: 0;margin:0 ;list-style: none;font-size: 18px;
font-family: "微软雅黑";text-decoration: none;}
```

（5）导航栏布局及样式。

① 打开 gw.html 文件，用 div 标签和 ul 标签搭建导航栏结构。

gw.html 源代码如下：

```
<div id="head">
        <ul>
                <li>首页</li>
                <li>手机</li>
                <li>家电</li>
                <li>相机</li>
                <li>电脑</li>
        </ul>
    </div>
```

② 打开 style.css 文件，为导航栏添加 class 类样式。

style.css 源代码如下：

```
#head{width: 100%;height: 40px;background-color: #000;}
#head li{
   display: inline-block;
   width: 18%;
   height: 40px;
   line-height: 40px;
   text-align: center;
   color: #fff;}
```

（6）商品栏布局及样式。

① 打开 gw. html 文件，用 div 标签建立商品栏内容，源代码如下：

```
<div id="content">
            <img src="img/banner1.jpg" >
            <div id="product">
                  <h2>新品首发</h2>
                  <div><img src="img/sp1.jpg" alt=""><a href="">
                              <p>商品名称</p>
                        </a></div>
                  <div><img src="img/sp2.jpg" alt=""><a href="">
                              <p>商品名称</p>
                        </a></div>
                  <div><img src="img/sp3.jpg" alt=""><a href="">
                              <p>商品名称</p>
                        </a></div>
                  <div><img src="img/sp4.jpg" alt=""><a href="">
                              <p>商品名称</p>
                        </a></div>
                  <div><img src="img/sp5.jpg" alt=""><a href="">
                              <p>商品名称</p>
                        </a></div>
                  <div><img src="img/sp6.jpg" alt=""><a href="">
                              <p>商品名称</p>
                        </a></div>
            </div>
</div>
```

② 打开 style. css 文件，设置商品栏样式，源代码如下：

```
#content{
width: 100%;
```

```
margin: 0 auto;
}
img{width: 100%;}
#product{margin: 10px auto;padding-left: 20px;}
#product    div{
    display: inline-block;
    width: 30%;
    padding: 10px 10px;}
```

（7）底边栏布局及样式。

① 打开 gw.html 文件，定义正文的底边栏，源代码如下：

```
<div id="footer">&copy;新星科技公司</div>
```

② 打开 style. css 文件，设置底边栏样式，源代码如下：

```
#footer{width: 100%;
      height: 40px;
      line-height: 40px;
      text-align: center;
      background-color: #000000;
      color: #fff;}
```

## 2.1.6　项目拓展

导航栏添加 CSS 链接样式，鼠标经过导航栏菜单项目时，当前菜单选项字体放大，红色加粗，背景灰色，离开时恢复原样。

## 2.1.7　知识储备

### 1. CSS 简介

CSS 中文名为级联样式单，也称为层叠样式单。层叠就是样式可以层层叠加，可以对一个元素多次设置样式，后面定义的样式会对前面定义的样式进行重写，在浏览器中看到的效果使用的是最后一次设置的样式。

CSS 是一种表现语言，是对网页结构语言的补充。CSS 主要用于网页的风格设计，包括字体、颜色、位置等方面的设计。在 HTML 网页中加入 CSS，可以使网页展现更丰富的内容。

### 2. 引入 CSS 的方式

（1）内联式/行内式：style="属性:属性值;"。

（2）嵌入式/内部式：header 里面 title 下面<style></style>。

（3）链接式：<link href="CSS 文件路径" type="text/CSS" rel="stylesheet">。

（4）导入式：<style>@import url（"CSS 文件路径"）</style>。

### 3. CSS 常见选择器

（1）标签选择器：HTML 标签。

（2）类选择器：. 类名。

（3）id 选择器：#id 名。

（4）伪类选择器如下。

① a:link：链接样式。

② a:visited：已访问的链接样式。

③ a:active：激活的链接样式。

④ a:hover：鼠标悬停时的链接样式。

⑤ a:focus：焦点的链接样式。

### 4. CSS 字体格式

（1）font-family："字体名称"; 设置字体。

（2）font-size：字体大小。

（3）font-style:normal/italic：倾斜。

（4）font-variant:normal/small-caps：小型大写字母。

（5）font-weight:normal/bold/bolder/lighter/100.../900：粗体。

（6）自定义字体：@font-face { font-family:ztname; src:url（字体路径）;}。

### 5. CSS 文本属性

（1）color：颜色。

（2）direction:ltr/rtl：设置文本方向。

（3）letter-spacing:normal：长度; 字间距。

（4）line-height：行高。

（5）text-align:left/center/right/inherit：对齐。

（6）text-decoration:none/underline/overline/line-through/blink/inherit：装饰效果。

（7）text-indent：长度/百分比。

（8）text-shadow:x、y、blur、color：为文本添加阴影效果。

（9）text-transform:none/capitalize/uppercase/lowercase：切换文本的大小写。

（10）white-space:normal/pre/nowrap：处理元素内空白。

（11）word-space:normal：长度; 单词间距。

### 6. CSS 尺寸属性

（1）width:auto：宽度。

（2）min-width：最小宽度。

（3）max-width：最大宽度。

（4）height:auto：高度。

（5）min-height：最小高度。

（6）max-height：最大高度。

### 7. CSS 列表属性

（1）list-style-image: none/inherit：图像的 URL;设置列表项标记样式为图片。

（2）list-style-position: inside/outside/inherit：设置列表项标记的位置。

（3）list-style-type: none/disc/circle/square/decimal/lower-roman/upper-roman/lower-alpha/upper-alpha：设置列表项标记的类型。

（4）list-style：综合以上 3 个属性。

8. CSS 表格属性

（1）border-collapse: separate/collapse：合并表格边框。

（2）border-spacing：设置相邻单元格边框之间的距离。

（3）cellpadding：设置内边距<table>。

（4）cellspacing：设置外边距<table>。

（5）<td colspan="" rowspan=""></td>：合并列/合并行。

（6）<colgroup><col bgcolor=""></colgroup>：调整整列格式。

## 职业技能等级考证提要

1．能够使用 CSS 的选择器、字体样式、文本样式、颜色、背景功能设计界面样式。

2．能够使用 CSS 的区块、界面布局属性等搭建静态网页。

## 职业技能训练

1. 单项选择题

（1）怎样给所有的<h1>标签添加背景颜色（　　）。

A. h1 { background-color:#ffffff; }　　B. #h1 { background-color:#ffffff }

C. h1.all { background-color:#ffffff }　　D. .h1 { background-color:#ffffff }

（2）如何显示这样一个边框：顶边框 10 像素、底边框 5 像素、左边框 20 像素、右边框 1 像素（　　）。

A. border-width:10px 5px 20px 1px　　B. border-width:5px 20px 10px 1px

C. border-width:10px 20px 5px 1px　　D. border-width:10px 1px 5px 20px

（3）下列哪个选项的 CSS 语法是正确的？（　　）。

A. body {color: black}　　B. body:color=black

C. {body:color=black（body}　　D. {body;color:black}

（4）以下哪一项是 CSS 中的类选择器（　　）。

A. *　　B. . div2　　C. #div1　　D. h2

（5）CSS 文件的扩展名为（　　）。

A. CSS　　B. . html　　C. htm　　D. . txt

（6）设置 text-decoration 属性的删除线的值为（　　）。

A. overline　　B. underline　　C. line-through　　D. blink

2. 多项选择题

（1）在 CSS 语言中下列哪些选项是背景图像的属性（　　）。

A. 纵向排列　　B. 背景重复　　C. 背景位置　　D. 背景附件

（2）下面关于 CSS 的说法正确的有（　　）。

A. 对于中文可以使用 word-spacing 属性对字间距进行调整

B. 整个 BODY 可以作为一个 BOX

C. margin 属性的属性值可以是百分比，相对路径表述的是源端点同目标端间的相互位置

D. CSS 可以控制网页背景图片

（3）以下关于 CLASS 和 ID 的说法正确的是（　　）。

A. id 和 class 只是在写法上有区别，在应用和意义上没有区别

B. id 的应用方法：<指定标签 id="id 名">

C. class 的定义方法是：.类名{样式}。

D. class 的应用方法：<指定标签 class="类名">

### 3. 判断题

（1）margin 不可以单独定义某一个方向的值（　　）。

（2）position 允许用户精确定义元素框出现的相对位置（　　）。

（3）在 CSS 中，px 是绝对长度单位，%是相对长度单位（　　）。

### 4. 技能实训题

实训“购物网站”在某界面中展现购物网站首页，界面包括页头、正文、侧边栏和页脚 4 个部分，index.html 界面效果如图 2-8 所示。项目名称为“shopping”，包含首页 index.html、首页样式文件 css/style.css。

具体要求：页头包括一个商品分类导航栏；正文包括广告大图和新品列表；侧边栏包括商品销量排行列表和促销商品列表；页脚包括版权声明信息和“返回顶部”链接。

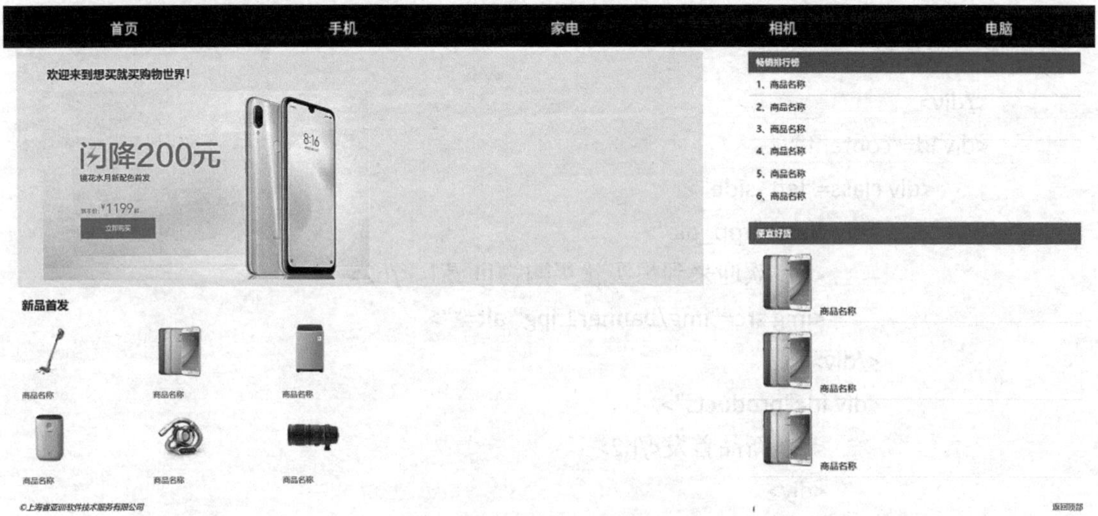


图 2-8　index.html 界面效果

## 职业技能训练答案

### 1. 单项选择题

（1）A　（2）D　（3）A　（4）B　（5）A　（6）C

### 2. 多项选择题

（1）ABCD　（2）BCD　（3）BCD

### 3. 判断题

（1）×　（2）√　（3）√

#### 4. 技能实训题

（1）打开技能实训素材文件夹中项目“shopping”，新建 index.html，源代码如下：

```
<!DOCTYPE html>
<html lang="en">
<head>
    <meta charset="UTF-8">
    <title>购物世界</title>
    <link rel="stylesheet" href="style.CSS">
</head>
<body>
    <div id="top">
        <ul class="topList">
            <li><a href="">首页</a></li>
            <li><a href="">手机</a></li>
            <li><a href="">家电</a></li>
            <li><a href="">相机</a></li>
            <li><a href="">电脑</a></li>
        </ul>
    </div>
    <div id="content">
        <div class="left_side">
            <div class="top_pic">
                <h2>欢迎来到想买就买购物世界！</h2>
                <img src="img/banner1.jpg" alt="">
            </div>
            <div id="products">
                <h2>新品首发</h2>
                <div>
                    <img src="img/goods2.png" alt="商品名称">
                    <a href="#"><p>商品名称</p></a>
                </div>
                <div>
                    <img src="img/goods3.png" alt="商品名称">
                    <a href="#"><p>商品名称</p></a>
                </div>
                <div>
                    <img src="img/goods4.png" alt="商品名称">
                    <a href="#"><p>商品名称</p></a>
```

```
            </div>
            <div>
                <img src="img/goods5.png" alt="商品名称">
                <a href="#"><p>商品名称</p></a>
            </div>
            <div>
                <img src="img/goods6.png" alt="商品名称">
                <a href="#"><p>商品名称</p></a>
            </div>
            <div>
                <img src="img/goods7.png" alt="商品名称">
                <a href="#"><p>商品名称</p></a>
            </div>
        </div>
    </div>
    <div id="right_side">
        <ul class="list_group">
            <li class="list_title">畅销排行榜</li>
            <li class="list_item">1. 商品名称</li>
            <li class="list_item">2. 商品名称</li>
            <li class="list_item">3. 商品名称</li>
            <li class="list_item">4. 商品名称</li>
            <li class="list_item">5. 商品名称</li>
            <li class="list_item">6. 商品名称</li>
        </ul>
        <ul class="list_group">
       <li class="list_title">便宜好货</li>
       <li class="list_item"><img src="img/goods3.png" alt="">商品名称</li>
       <li class="list_item"><img src="img/goods3.png" alt="">商品名称</li>
       <li class="list_item"><img src="img/goods3.png" alt="">商品名称</li>
        </ul>
    </div>
</div>
<div id="bottom">
    <p>©上海睿亚训软件技术服务有限公司</p>
    <a href="#" class="toTop">返回顶部</a>
</div>
```

```
</body>
</html>
```

（2）在 CSS 文件夹下新建 style.css 样式文件，源代码如下：

```
body{
    margin: 0;
    padding: 0;
    font-size: 18px;
    text-decoration: none;
}
/*清除 li 标签和 a 标签的默认样式*/
li{ list-style: none}
a{ text-decoration: none}
/*设置图片的最大宽度*/
img{ max-width: 100%}
/*使用 id 选择器设置导航栏最外围盒子样式*/
#top{
    padding: 20px 0;
    width: 100%;
    background-color: black;
}
/*使用类选择器设置导航项外部的 ul 标签的样式*/
.topList{
    display: table;
    width: 100%;
}
/*使用后代选择器，li 标签清除列表默认样式。显示为表格单元格*/
.topList li{
    display: table-cell;
}
/*设置导航项的 a 标签的样式*/
.topList li > a{
    display: block;
    text-align: center;
    color: white;
}
/*正文—商品内容*/
#content{
    width: 100%;
```

```
    margin: 10px 0 20px 0;
    overflow: hidden;
}
/*左边栏 div 样式：左浮动。宽度 68%;左外边距 1.2%*/
.left_side{
    float: left;
    width: 68%;
    margin-left: 1.2%;
}
/*海报图 div 样式*/
.top_pic{
    padding: 10px 60px;
    background-color: #eee;
}
h2{
    padding: 0 10px;
}
#products{
    float: left;
}
/*设置每个产品项的样式*/
#products div{
    width: 30%;
    display: inline-block;
    padding: 0 10px;
}
#right_side{
    float: right;
    width: 28%;
    margin-right: 1.2%;
    margin-top: -20px;
}
.list_group{
    margin-bottom: 30px;
}
.list_title{
    padding: 10px 15px;
    font-weight: bold;
```

```
        color: #fff;
        background: #337ab7;
        border-color: #337ab7;
}
.list_item{
        padding: 10px 15px;
        margin-bottom: -1px;
        border:1px solid #ddd;
}
#bottom{
        position: relative;
        width: 100%;
        height: 30px;
}
#bottom a{
        position: absolute;
        right: 1.2%;
}
#bottom p{
        position: absolute;
        margin: 0;
        left: 1.2%;
        font-style: italic;
}
```

## 学习资源

1．电子文档：教学 ppt“模块 2 CSS 基础”或者教案。
2．附件资料：项目素材。

# 项目 2.2　家乡美

## 2.2.1　项目效果

“家乡美”效果图如图 2-9 所示。

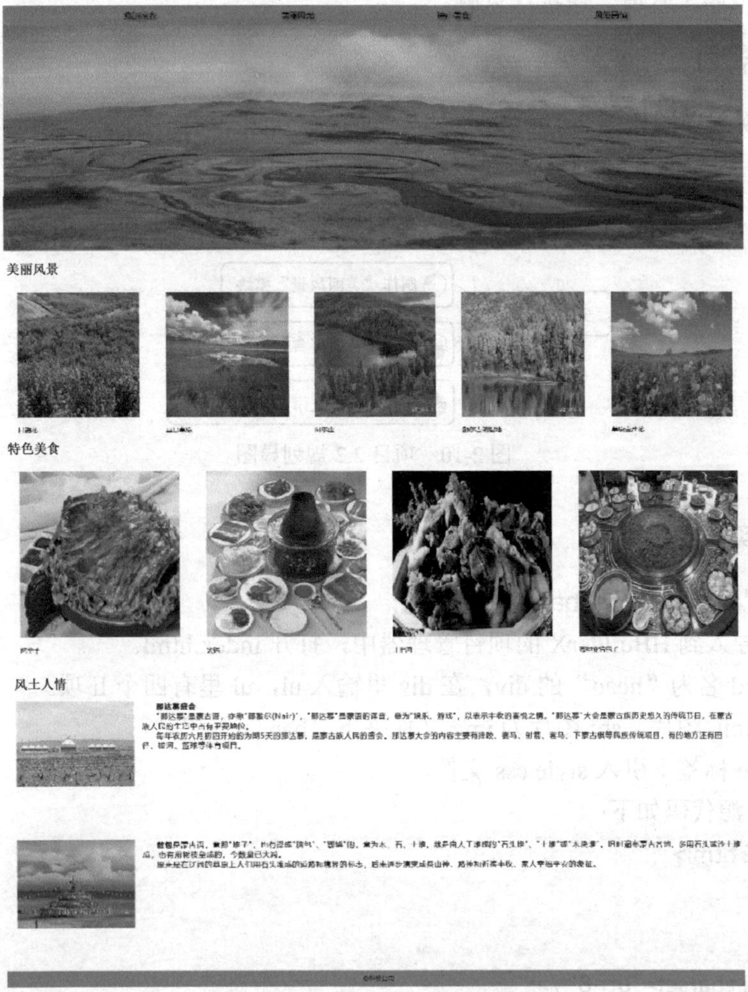


图 2-9　“家乡美”效果图

### 2.2.2　项目背景

一个网页，应用 DIV+CSS 盒模型，灵活设置边距、边框、背景属性，定位和浮动等属性，界面整体布局合理，样式美观，网页丰富多彩，引人入胜。

制作一个以“家乡美”为主题，对家乡风土人情进行直观感受的表达，培养大学生自觉关心家乡的改革发展，激发大学生参与家乡建设的热情。通过秀家乡、夸家乡，抒发了浓浓的爱家乡的情感，增强了大学生建设家乡的信心和决心。

### 2.2.3　项目说明

（1）界面布局设计，布局及定义基础样式。

（2）制作“导航”栏及“banner”模块。

（3）制作“美丽风景”模块。

（4）制作“特色美食”模块。

（5）制作“风土人情”模块及页脚。

## 2.2.4　项目规划

项目 2.2 规划导图如图 2-10 所示。

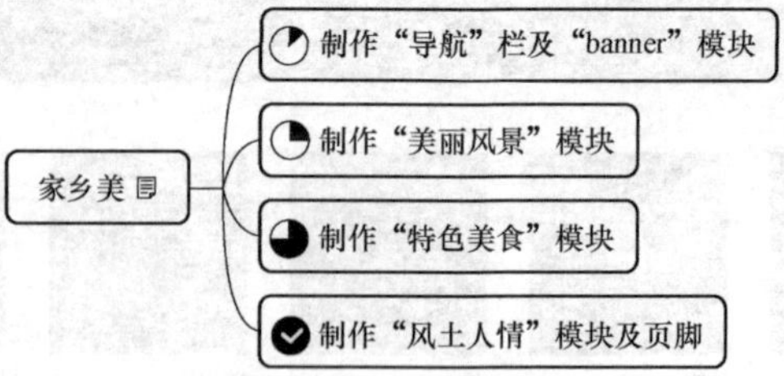


图 2-10　项目 2.2 规划导图

## 2.2.5　项目实施

### 1. 制作“导航”栏及“banner”模块

（1）项目导入到 HBuilderX 的项目管理器中，打开 index.html。
（2）输入 id 名为“head”的 div，在 div 里输入 ul，ul 里有四个 li 项。
（3）输入 img 图片，src 图片为 img 文件夹下“banner.jpg”。
（4）在 title 标签下引入 style.css 文件。
index.html 源代码如下：

```
<!DOCTYPE html>
<html>
<head>
    <meta charset="utf-8" />
    <title></title>
    <link rel="stylesheet" type="text/css" href="CSS/style.css"/>
</head>
<body>
    <!--  导航及 banner -->
    <div id="head">
        <ul>
            <li>我的家乡</li>
            <li>美丽风景</li>
            <li>特色美食</li>
            <li>风土人情</li>
        </ul>
    </div>
    <img src="img/banner.jpg">
```

（5）在 CSS 文件夹下新建 style.css 文件，定义基础样式，源代码如下：

```
body，ul，li，img，div{margin:0;padding:0;list-style:none;font-family: "微软雅黑";}
```

（6）在 style.css 文件中，设置“导航”栏及 banner 的 CSS 样式，源代码如下：

```
#head{
    width: 100%;
    height: 50px;
    line-height: 50px;
    text-align: center;
    background-color: lightseagreen;
    margin:0 auto;}
#head li{
    width: 20%;
    height: 50px;
    line-height: 50px;
    text-align: center;
    display: inline-block;
    font-size: 20px;
    text-shadow:5px 5px 5px #333;
    }
#head li:hover{background-color: azure;color:orange}
    img{width: 100%;margin: 0 auto;}
```

**2. 制作“美丽风景”模块**

（1）在 index.html 中，输入 id 名为“fg”的 div，h3 标题文字“美丽风景”，输入 ul，ul 里有 5 个 li 列表项，每个 li 项里插入图片及图片名，源代码如下：

```
<!--美丽风景-->
<div id="fg">
<h3>美丽风景</h3>
<ul>
        <li>
        <img src="img/dujuan.jpeg" alt="">
                <p>杜鹃花</p>
        </li>
        <li>
        <img src="img/caoyuan.jpg" alt="">
                <p>夏日草原</p>
        </li>
        <li>
        <img src="img/aershan.jpeg" alt="">
                <p>阿尔山</p>
```

```
        </li>
        <li>
        <img src="img/sdi.jpg" alt="">
            <p>额尔古纳湿地</p>
        </li>
        <li>
        <img src="img/jinlian.jpg" alt="">
            <p>草原金莲花</p>
        </li>
    </ul>
    </div>
```

（2）在 style.css 文件中，设置美丽风景的浮动和定位属性，源代码如下：

```
#fg{
    width: 100%;
    margin: 0 auto;
    padding: 20px 20px 20px 50px;
}
#fg li {
    display: inline-block;
    padding: 20px;
}
#fg li img{
    width: 300px;
    height: 300px;
    margin-right: 20px;
}
#fg li img:hover{
    transform: scale（1.2，1.2） ;
    border-radius: 20px;
    box-shadow: 5px 5px 5px #333;
    transition:all 5s ease    ;
}
```

**3. 制作“特色美食”模块**

（1）在 index.html 中，输入 id 名为“tc”，h3 标题“特色美食”，输入无序列表 ul，ul 里有四个 li 列表项，每个 li 列表项中插入 img 文件夹里的美食图片。

源代码如下：

```
<div id="tc">
<h3>特色美食</h3>
<ul>
```

```
        <li><img src="img/ms1.jpeg"><p>烤全羊</p></li>
        <li><img src="img/ms2.jpeg"><p>火锅</p></li>
        <li><img src="img/ms3.jpg"><p>手把肉</p></li>
        <li><img src="img/ms4.jpeg"><p>布里亚特包子</p></li>
    </ul>
    </div>
```

（2）在 style.css 中，设置“tc”的布局格式，源代码如下：

```
#tc{
    width: 100%;
    margin: 0 auto;
     padding:20px 20px 20px 50px;
}
#tc li{
    display: inline-block;
     padding: 20px;   }
#tc li img{
    width: 400px;
     height: 400px;
     margin-right: 20px;
 }
```

**4. 制作“风土人情”模块及页脚**

（1）在 index.html 中，输入 id 名为“fq”的 div，div 中使用两个定义列表 dl，dt 插入图片，dd 文字描述，插入 id 名为“footer”的 div，输入“科技公司”，源代码如下：

```
<div id="fq">
<h3>风土人情</h3>
<dl>
    <dt><img src="img/fq1.jpg" width="100px" align="left"/></dt>
    <dd><strong>那达慕盛会</strong></dd>
    <dd>"那达慕"是蒙古语，亦称"那雅尔（Nair）"，"那达慕"是蒙语的译音，意为"娱乐、游戏"，以表示丰收的喜悦之情。"那达慕"大会是蒙古族历史悠久的传统节日，在蒙古族人民的生活中占有重要地位。</dd>
    <dd>每年农历六月初四开始的为期 5 天的那达慕，是蒙古族人民的盛会。那达慕大会的内容主要有摔跤、赛马、射箭、套马、下蒙古棋等民族传统项目，有的地方还有田径、拔河、篮球等体育项目。</dd>
</dl>
<dl>
    <dt><img src="img/aobao.png" width="100px" align="left"/></dt>
    <dd><strong>敖包</strong>是蒙古语，意即"堆子"，也有译成"脑包" "鄂博"的，意为木、石、土堆。就是由人工堆成的"石头堆" "土堆"或"木块堆"。旧时遍布蒙古各地，多用石头
```

```
或沙土堆成，也有用树枝垒成的，今数量已大减。</dd>
        <dd>原来是在辽阔的草原上人们用石头堆成的道路和境界的标志，后来逐步演变成祭山神、路神和祈祷丰收、家人幸福平安的象征。</dd>
    </dl>
    </div>
    <div id="footer">
    <p>&copy;科技公司</p>
    </div>
```

（2）在 style.css 中，设置相应的格式，源代码如下：

```
#fq{
    width: 100%;
      padding: 20px;
    margin:0 auto;}
#fq dl{
    float: left;
    margin: 20px; }
#fq dl dt{
    width:300px;
    height: 300px;
    float: left;
      margin-right: 20px; }
dd{
    font-size: 18px;
    text-indent: 2em;
    letter-spacing: 2px;}
#footer{
    clear: both;
    width: 100%;
    height: 40px;
    background-color:lightseagreen;
    line-height: 40px;
    text-align: center;
}
```

### 2.2.6　项目拓展

在 index.html 界面基础上，制作 p1.html、p2.html、p3.html 界面，并设置好相互链接。

### 2.2.7　知识储备

CSS 盒子模型本质上是一个盒子，封装周围的 HTML 元素，它包括：边距，边框，填充和实际内容。CSS 盒子模型如图 2-11 所示。

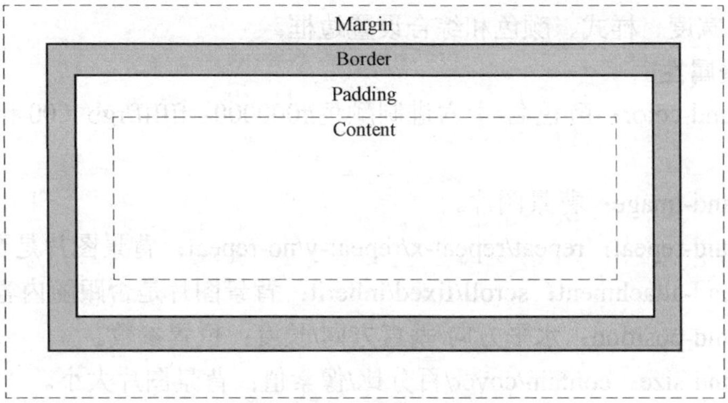


图 2-11 CSS 盒子模型

不同部分的说明如下。

Margin（外边距）：清除边框外的区域，外边距是透明的。

Border（边框）：围绕在内边距和内容外的边框。

Padding（内边距）：清除内容周围的区域，内边距是透明的。

Content（内容）：盒子的内容，显示文本和图像。

1. 内边距

（1）padding-top：上内边距。

（2）padding-right：右内边距。

（3）padding-bottom：下内边距。

（4）padding-left：左内边距。

（5）padding：一个参数（四个内边距）、两个参数（上下、左右）、三个参数（上、左右、下）、四个参数（上右下左）。

2. 外边距

（1）margin-top：上外边距。

（2）margin-right：右外边距。

（3）margin-bottom：下外边距。

（4）margin-left：左外边距。

（5）margin：一个参数（四个内边距）、两个参数（上下、左右）、三个参数（上、左右、下）、四个参数（上右下左）。

3. CSS 边框属性

（1）border-style:none/solid/dashed/dotted/double/groove/inset/outside：设置边框线样式：无边框/单实线/虚线/点线/双实线/3D 凹槽/3D 凹边/3D 凸边。

（2）border-width:thin/medium/thick：宽度和设置边框线粗细。

（3）border-color：设置边框颜色。

（4）border-top：设置上边框。

（5）border-right：设置右边框。

（6）border-bottom：设置下边框。

（7）border-left：设置左边框。

（8）border：宽度、样式、颜色和综合设置边框。

### 4. CSS 背景属性

（1）background-color：颜色名/十六进制颜色#000000-#ffffff/rgb（00-ff，00-ff，00-ff），背景颜色。

（2）background-image：背景图片。

（3）background-repeat：repeat/repeat-x/repeat-y/no-repeat：背景图片是否重复。

（4）background-attachment：scroll/fixed/inherit：背景图片是否跟随内容滚动。

（5）background-position：水平方向/垂直方向/长度；位置参数。

（6）background-size：contain/cover/百分比/像素值；背景图片大小。

（7）background：背景色、背景图片、重复否、滚动否、位置、大小。

### 5. 浮动属性

（1）浮动，float 使元素脱离普通文档流，CSS 定义浮动可使块级元素向左或向右浮动。

① 设置浮动语法：

```
float:left/right/none;
```

② 取消浮动：clear 设置元素哪一侧不允许出现浮动元素。

设置取消浮动语法：

```
clear: left/right/both/none;
```

（2）溢出元素，overflow 这个属性设置元素不够容纳内容时的显示方式。

设置溢出方式语法：

```
overflow : visible/hidden/scroll/auto;
```

属性说明如下。

① visible：默认值，显示为元素，既不裁剪内容，也不添加滚动条，超出的内容会显示在元素外。

② hidden：会自动将超出的内容裁剪掉，且裁剪的内容不可见。

③ scroll：设置一直显示的滚动条。

④ auto：在需要时产生滚动条，即自适应所要显示的内容。

### 6. 分类元素

display：显示为块级或者行内元素。

定义元素类型语法：

```
display:none/block/inline/inline-block;
```

1）块级元素

① 每个块级元素都从新的一行开始，并且其后的元素也另起一行。

② 元素的高度、宽度、行高以及顶和底边距都可设置。

③ 元素宽度在不设置的情况下，是它本身父容器的 100%（和父元素的宽度一致），除非设定一个宽度。

④ 块内元素有：<div><p><h1>~<h6><ol><ul><dl><li><address><blockquote><form>等标签。

2）行内元素

① 和其他元素都在一行上。

② 元素的高度、宽度、行高及顶部和底部边距不可设置。

③ 元素的宽度就是它包含的文字或图片的宽度，不可改变。

④ 行内元素有：<a><span><br/><i><em><strong><label>等。

3）行内块状元素

① 和其他元素都在一行上。

② 元素的高度、宽度、行高以及顶和底边距都可设置。

③ 行内块元素有：<img><input>、select、textarea、button、iframe 等。

4）元素分类转换

元素分类转换语法：

```
display：block/inline/inline-block/none;
```

属性说明如下。

① block：将元素转换为块级元素。

② inline：将元素转换为行级元素。

③ inline-block：将元素转换为内联块元素。

④ none：将元素隐藏。

5）显示元素

visibility：显示或隐藏元素。

显示或隐藏元素语法：

```
visibility：visible/hidden;
```

### 7. CSS 定位属性

1）position 属性

position 属性规定应用于元素的定位方法的类型。有五个不同的位置值，具体如下。

① position：static，HTML 元素默认情况下的定位方式为 static（静态）。

静态定位的元素不受 top、bottom、left 和 right 属性的影响，元素不会以任何特殊方式定位，它始终根据界面的正常流进行定位。

② position：relative，元素相对于其正常位置进行定位。

设置相对定位的元素的 top、right、bottom 和 left 属性将导致其偏离其正常位置进行调整。不会对其余内容进行调整来适应元素留下的任何空间。

③ position：fixed，元素是相对于视口定位的，这意味着即使滚动界面，它也始终位于同一位置。top、right、bottom 和 left 属性用于定位此元素。固定定位的元素不会在界面中，通常应在放置的位置上留出空隙。

④ position：absolute，绝对定位的元素的位置相对于最近的已定位的父元素，如果元素没有已定位的父元素，那么它的位置相对于<html>。

2）定位位置

① top：用于设置定位元素相对的对象的顶边偏移的距离，正数向下偏移，负数向上偏移。

② right：用于设置定位元素相对的对象的右边偏移的距离，正数向左偏移，负数向右

偏移。

③ bottom：用于设置定位元素相对的对象的底边偏移的距离，正数向上偏移，负数向下偏移。

④ left：用于设置定位元素相对的对象的左边偏移的距离，正数向右偏移，负数向左偏移。

8. z–index 层级

相同位置有多个元素时，设置 z-index，数字越大，层次越高，越在上层。该属性仅在 position:absolute 时有效。

## 职业技能等级考证提要

能够使用 CSS 盒子模型、区块、浮动、定位等设计网页布局。

## 职业技能训练

1. 单项选择题

（1）如何显示这样一个边框：顶边框 10 像素、底边框 5 像素、左边框 20 像素、右边框 1 像素（　　）。

A. border-width:10px 5px 20px 1px　　B. border-width:5px 20px 10px 1px

C. border-width:10px 20px 5px 1px　　D. border-width:10px 1px 5px 20px

（2）下面选项中，哪个可以设置网页中某个元素的右外边距为 10 像素？（　　）

A. margin: 10px 0 0;　　B. margin-right:100px;

C. margin: 0 10px 0 0;　　D. margin: 0 0 0 10px;

（3）关于 float 描述错误的是（　　）。

A. float:center　　B. float:none　　C. float:left　　D. float:right

2. 多项选择题

（1）在 CSS 语言下列哪些选项是背景图像的属性？（　　）

A. 纵向排列　　B. 背景重复　　C. 背景位置　　D. 背景附件

（2）下面关于 CSS 的说法正确的有（　　）。

A. 对于中文可以使用 word-spacing 属性对字间距进行调整

B. 整个 BODY 可以作为一个 BOX

C. margin 属性的属性值可以是百分比

D. CSS 可以控制网页背景图片

（3）CSS 中，盒模型的属性包括（　　）。

A. margin　　B. padding　　C. visible　　D. font

（4）想让元素脱离文档普通流，需要把 position 属性值设置成（　　）。

A. relative　　B. fixed　　C. absolute　　D. static

（5）所有的 HTML 元素都可以看作盒子，它包括（　　）。

A. 元素的内边距　　B. 元素的内容区域　　C. 元素的外边距　　D. 元素的边框

3. 判断题

（1）margin 不可以单独定义某一个方向的值。　　（　　）

（2）在 CSS 中，padding:1 px 2 px 3 px 4 px：表示设置某个 HTML 元素的内边距上为 1 px、右为 2 px、下为 3 px、左为 4 px。（　）

（3）padding:10 px：只设置上边填充为 10 像素，其他三边为零像素。（　）

（4）position 允许用户精确定义元素框出现的相对位置。（　）

**4. 技能实操题**

（1）实训项目“position”中 index.html 界面效果图如图 2-12 所示。

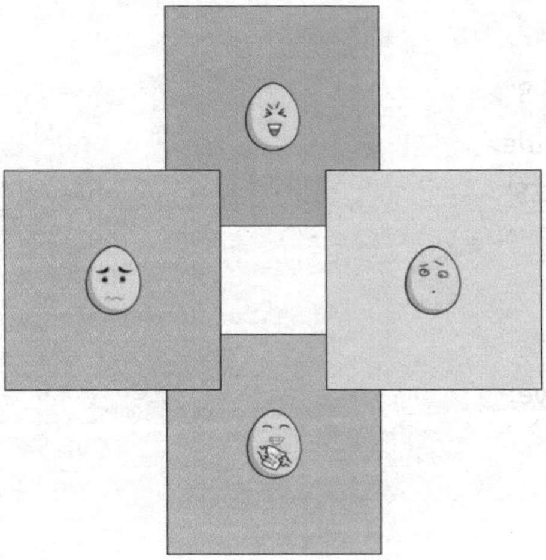

图 2-12　index.html 界面效果图

（2）这是某电商类网站服装商品展示界面局部，该网站正在促销秋冬季女装。

项目名称为“shopping2”，其包含首页 index.html、CSS 文件夹、img 文件夹，其中，CSS 文件夹包含 index.css 文件，img 文件夹包含 img1.jpg、img2.jpg、img3.jpg、img4.jpg、img5.jpg 图片。

index.html 界面效果图如图 2-13 所示。

图 2-13　index.html 界面效果图

## 职业技能训练答案

**1. 单项选择题**

（1）D　（2）C　（3）A

**2. 多项选择题**

（1）ABC　（2）BCD　（3）ABC　（4）BC　（5）ABCD

**3. 判断题**

（1）× （2）√ （3）× （4）√

**4. 技能实训题**

（1）打开技能实训素材文件夹中“position”，新建 index.html，在 body 中输入 4 个盒子，插入图片，在 head 前设置 CSS 样式 style，源代码如下：

```
<!DOCTYPE html>
<html>
<head>
    <meta charset="utf-8">
    <title>标签定位</title>
    <style type="text/CSS">
      img{
    width:60px;
        height:70px;
        position:relative;
        left:70px;
        top:65px;
      }
      div{
    width:200px;
        height:200px;
        border:1px solid #000000;
      }
      .div1{
        background-color:#F9CC9D;
        position:absolute;
        left:200px;
        top:200px;
        z-index:4;
      }
      .div2{
        background-color:#C3D08B;
        position:absolute;
        left:350px;
        top:50px;
        z-index:2;
      }
      .div3{
        background-color:#E7EAED;
```

```
            position:absolute;
            left:500px;
            top:200px;
            z-index:3;
        }
        .div4{
            background-color:#FFCACA;
            position:absolute;
            left:350px;
            top:350px;
            z-index:1;
        }
      </style>
   </head>
   <body>
      <div class="div1"><img src="img1.png"></div>
      <div class="div2"><img src="img2.png"></div>
      <div class="div3"><img src="img3.png"></div>
      <div class="div4"><img src="img4.png"></div>
</body>
</html>
```

（2）打开技能实训素材文件夹中项目文件"shopping2"。

① 新建 index.html 文件，源代码如下：

```
<!DOCTYPE html>
<html>
<head>
    <title>服装展示</title>
    <meta charset="utf-8">
    <link rel="stylesheet" type="text/CSS" href="CSS/index.CSS">
</head>
<body>
   <div class="box">
   <div class="con">
      <ul     class="clear">
            <li>
                  <img src="img/img1.jpg">
                  <p>微胖连衣裙</p>
            </li>
            <li>
```

```
                <img src="img/img2.jpg">
                <p>2019 网红初秋女装</p>
            </li>
            <li>
                <img src="img/img3.jpg">
                <p>黑色休闲裤</p>
            </li>
            <li>
                <img src="img/img4.jpg">
                <p>韩版学生女装</p>
            </li>
            <li>
                <img src="img/img5.jpg">
                <p>原创设计女装</p>
            </li>
        </ul >
    </div>
    </div>
</body>
</html>
```

② 新建 CSS 样式文件 index.css 文件，源代码如下：

```
body，h1，h2，h3，h4，h5，h6，p，ul，ol，dl，dd{
margin: 0;
padding:0;
}
ul{
    list-style: none;
}
/*显示为块级元素*/
img{
    display:block;
}
/* 清理左右浮动 */
.clear:after{
   content: "";
   display: block;
   clear:both;
}
.box{
```

```
    width: 100%;
}
.box .con{
    width: 1375px;
    margin:0 auto;
}
.box .con ul{
    padding-top:30px;
}
/* 设置为左浮动 */
.box .con ul li{
    float:left;
    width: 250px;
    margin:0 22px 22px 0;
    border:1px solid #eee;
}
.box .con ul li img{
    margin:15px auto 0;
}
.box .con ul li p{
    padding:15px;
}
/*鼠标进入添加 1 像素的红色实线 */
.box .con ul li:hover{
    border:1px solid red;
}
```

## 学习资源

1．电子文档：教学 ppt“模块 2 CSS 基础”或者教案。
2．附件资料：项目素材。

# 第2篇

# HTML5+CSS3 开发基础与应用

## 模块 3　HTML5 基础

### 知识目标

1. 了解主流浏览器对 HTML5 的兼容性。
2. 掌握 HTML5 的基本语法和 HTML5 新增的元素与属性。
3. 熟练掌握 HTML 表单元素、表单控件、新增 HTML5 表单功能和属性。

### 技能目标

1. 能够根据主题需要，综合应用 HTML5 元素和属性功能，制作多媒体界面。
2. 掌握 HTML5 新增文档结构、文本格式化元素、界面增强元素、多媒体元素的应用。

### 素养目标

1. 培养学生具备分析问题、解决问题的能力，增强学生的创新意识和创新能力。
2. 提高学生软件开发能力的同时，让学生在潜移默化中建立家国情怀。
3. 规范行业标准，培养学生养成规范化、标准化的代码编写习惯。
4. 提高学生将理论联系实际和独立解决问题的能力。
5. 提高学生的信息保护意识，增强学生的社会责任感。

# 项目 3.1　欢度国庆

## 3.1.1　项目效果

首页 index.html 效果图如图 3-1 所示。

图 3-1　首页 index.html 效果图

界面展开效果图如图 3-2 所示。

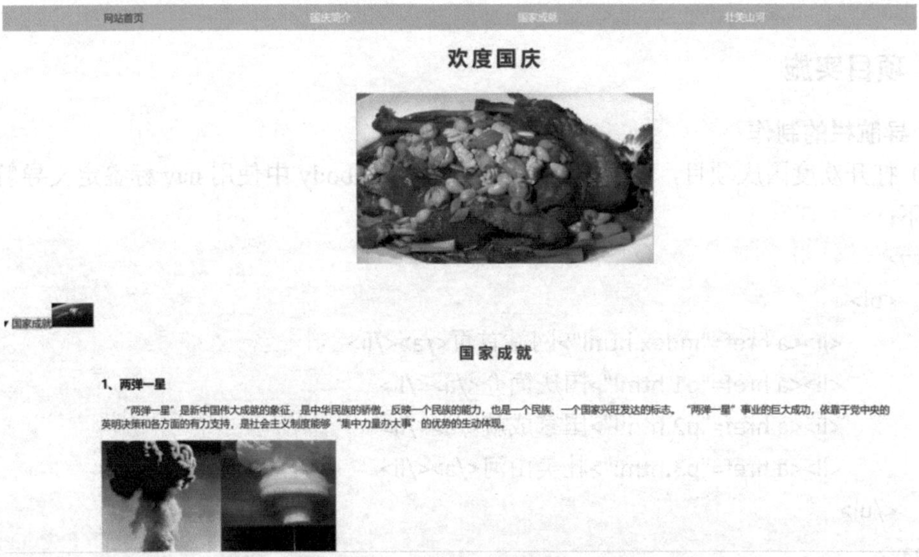


图 3-2　界面展开效果图

## 3.1.2　项目背景

国庆节是国家民族的象征，国庆节是庆祝新中国成立的日子，是新中国的生日，通过国庆节这种全民节日，彰显国家力量和幸福安宁，增强国家凝聚力，提升国民信心。

一个引人入胜的网页，往往是多媒体交互界面，合理地进行结构化布局、图片、视频等多媒体元素使得网页变得丰富多彩。

利用 HTML5 新增结构化标签、新增元素和属性、音频、视频等多媒体元素等知识制作一个主题为“欢度国庆”的多媒体界面。

## 3.1.3　项目说明

（1）通过效果分析明确界面的布局设计，新建 index.html，用 nav 语义化标签建立导航菜单。

（2）嵌入两个视频资源，并排列在同一行的左右。

（3）使用新增的界面增强元素，布局“国家成就”模块。

（4）页脚背景属性的应用。

## 3.1.4　项目规划

项目 3.1 规划导图如图 3-3 所示。

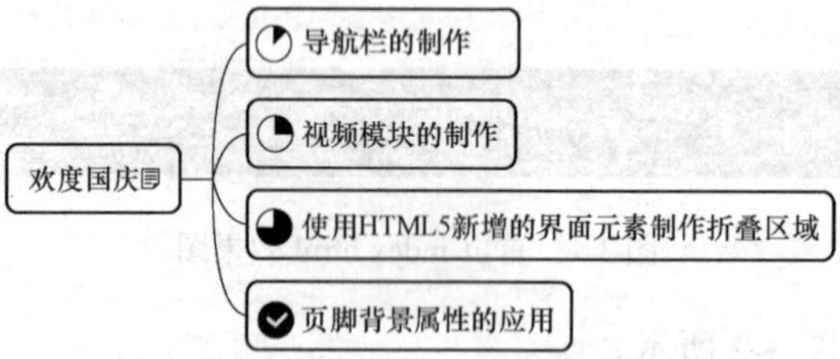


图 3-3　项目 3.1 规划导图

## 3.1.5　项目实施

### 1. 导航栏的制作

（1）打开欢度国庆项目，新建 index.html 文件，在 body 中使用 nav 标签定义导航栏，源代码如下：

```
<nav>
    <ul>
        <li><a href="index.html">网站首页</a></li>
        <li><a href="p1.html">国庆简介</a></li>
        <li><a href="p2.html">国家成就</a></li>
        <li><a href="p3.html">壮美山河</a></li>
    </ul>
</nav>
```

（2）在<head>中<title>后，<style>设置导航样式，源代码如下：

```
<style>
body{margin: 0 auto;padding: 0;font-size: 24px;list-style: none;}
    nav ul{
        width:100%;
```

```
            height: 60px;
            background:thistle;
            line-height: 60px;
            text-align: center;
            list-style: none;
            margin: 10px auto; }
        nav ul li{width:20%;float: left;margin-left: 20px;color: #fff;}
        a:link，a:hover{color:#fff;text-decoration: none;}
        h1，h2{letter-spacing: 10px;text-align:center;color: red;}
    </style>
```

2. 视频模块的制作

（1）h1 级标题“欢度国庆”，使用 section 区域语义化标签插入 video 两个视频，视频文件夹 video 里的素材视频文件，源代码如下：

```
    <h1 >欢度国庆</h1>
    <section>
<video   src="video/qz.mp4" controls="controls"   poster="img/qzbj.jpg"> </video>
<video   src="video/ms.mp4" controls="controls"   poster="img/msbj.jpg">
</video>
    </section>
```

（2）在 style 处设置 h1 标题居中，字间距的 CSS 样式，section 的宽度、高度和布局样式，源代码如下：

```
section {width: 80%;height: 450px;margin: 20px auto;padding: 20px;display: flex;}
p{text-indent: 2em;}
video{width: 40%;height:400px ; float: left; margin-left:100px ;flex: 1;};
```

3. 使用 HTML5 新增的界面元素制作折叠区域

（1）使用<details><summary>和<figure><figcaption>定义一个独立区域，文字素材见“文字.txt”，源代码如下：

```
<article>
  <details>
  <summary><mark>国家成就</mark><img src="img/tg.webp" width="100"></summary>
    <figure>
          <figcaption><h2 >国家成就</h2></figcaption>
            <h3>1、两弹一星</h3>
<p>“两弹一星”是新中国伟大成就的象征，是中华民族的骄傲。反映一个民族的能力，也是一个民族、一个国家兴旺发达的标志。“两弹一星”事业的巨大成功，依靠于党中央的英明决策和各方面的有力支持，是社会主义制度能够“集中力量办大事”的优势的生动体现。</p>
              <img src="img/原子弹.png">
            <h3> 2、天宫二号空间实验室</h3>
```

```
<p>天宫二号为中国载人航天工程发射第二个目标飞行器，是中国首个具备补加功能的载人航天科学实验空间实验室。发射天宫二号是全面完成空间实验室阶段任务的关键之战，将为中国后续空间站建造和运营奠定坚实基础、积累宝贵经验，对于推进我中国载人航天事业持续发展，具有十分重要的意义。</p>
<img src="img/天宫二号.png">
            <h3>3、中国天眼</h3>
<p>具有中国独立自主知识产权的 FAST，是世界上目前口径最大、最精密的单天线射电望远镜，其设计综合体现了我国高技术创新能力。它将在基础研究众多领域，例如宇宙大尺度物理学、物质深层次结构和规律等方向提供发现和突破的机遇，也将在日地环境研究、国防建设和国家安全等方面发挥不可替代的作用。</p>
 <img src="img/天眼.png">
<h3> 4、北斗卫星</h3>
 <p>北斗系统提供服务以来，已在交通运输、农林渔业、水文监测、气象测报、通信系统、电力调度、救灾减灾、公共安全等领域得到广泛应用，并已融入国家核心基础设施，产生了显著的经济效益和社会效益。</p>
           <img src="img/北斗卫星.png" >
         </figure>
        </details>
</article>
```

（2）在 style 处，设置 artitcl 和 figure 的 CSS 样式，源代码如下：

```
article{clear: both;width: 80%;padding: 20px;}
figure{width: 80%;margin: 10px auto;}
```

**4. 页脚背景属性的应用**

（1）body 中输入 footer 语义化标签，源代码如下：

```
<footer>
<h4 align="center" >国旗高高飘扬 激昂爱国之情 我市迎国庆尽显“中国红”</h4>
<pre><h5>      筚路蓝缕，风雨兼程。春华秋实，砥砺前行。
           深情祝福，祝愿伟大祖国繁荣昌盛、国泰民安！</h5></pre>
</footer>
```

（2）在 style 处，设置 footer 背景 CSS 样式，源代码如下：

```
footer{
        width: 100%;
        height: 150px;
        color: yellow;
        text-align: center;
        padding: 10px;
        font-size:20px;
        background:red url（img/国旗.jpg） no-repeat left;
    }
```

## 3.1.6　项目拓展

制作完成 index.html 后，根据效果，制作 p1.html，p2.html，p3.html 界面。

国庆简介 p1.html 效果图如图 3-4 所示。

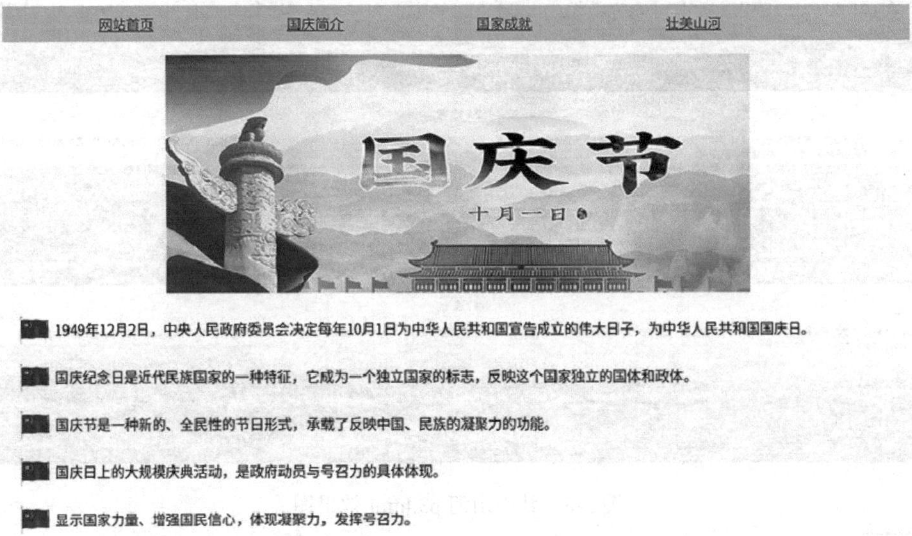


图 3-4　国庆简介 p1.html 效果图

国家成就 p2.html 效果图如图 3-5 所示。

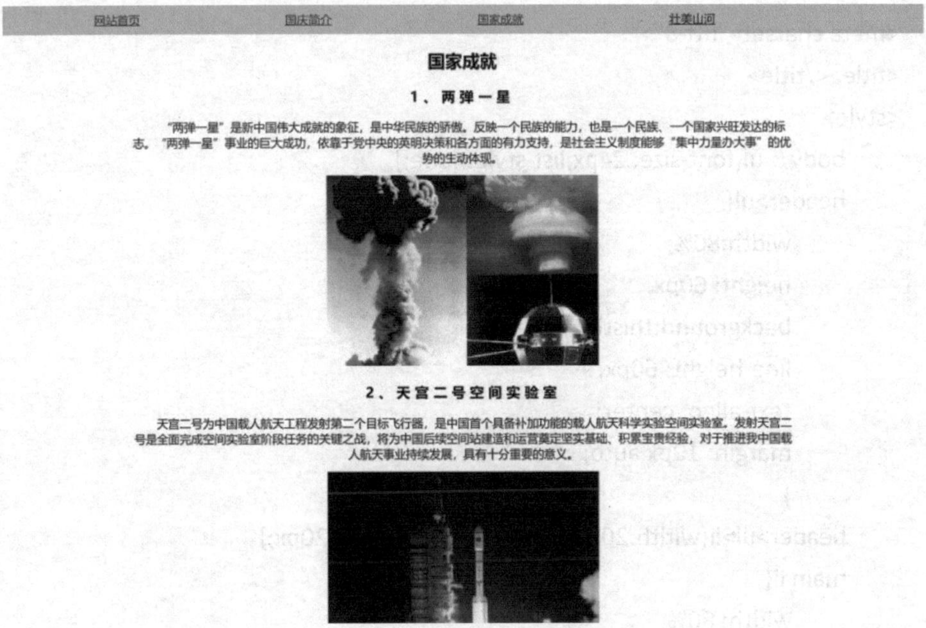


图 3-5　国家成就 p2.html 效果图

壮美山河 p3.html 效果图如图 3-6 所示。

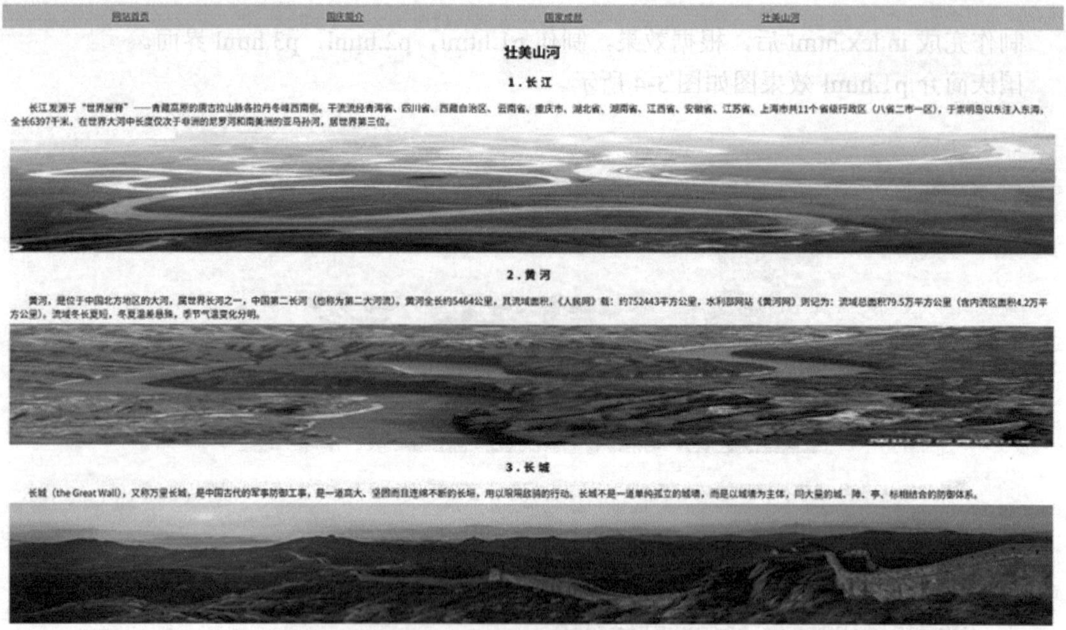


图 3-6　壮美山河 p3.html 效果图

国庆简介 p1.html 的源代码如下：

```
<!DOCTYPE html>
<html>
<head>
	<meta charset="utf-8">
	<title></title>
	<style>
		body，ul{font-size: 24px;list-style:none;}
		header>ul{
			width:80%;
			height: 60px;
			background:thistle;
			line-height: 60px;
			text-align: center;
			margin: 10px auto;
			}
		header>ul>li{width:20%;float: left;margin-left: 20px;}
		main li{
			width: 80%;
			margin: 20px auto;
```

```
                    height: 60px;
                    line-height: 60px;
                    padding-left: 60px;
                    background:url（img/国旗图标.png）  no-repeat left   center;
                }
            </style>
        </head>
        <body>
        <header>
            <ul>
                    <li><a href="index.html">网站首页</a></li>
                    <li><a href="p1.html">国庆简介</a></li>
                    <li><a href="p2.html">国家成就</a></li>
                    <li><a href="p3.html">壮美山河</a></li>
            </ul>
        </header>
            <main>
            <p align="center"><img src="img/qzbj.jpg"></p>
            <ul>
                <li>1949 年 12 月 2 日，中央人民政府委员会决定每年 10 月 1 日为中华人民共
和国宣告成立的伟大日子，为中华人民共和国国庆日。</li>
                <li>国庆纪念日是近代民族国家的一种特征，它成为一个独立国家的标志，反映
这个国家的国体和政体。</li>
                <li>国庆这种特殊纪念方式一旦成为新的、全民性的节日形式，便承载了反映这
个国家、民族的凝聚力的功能。</li>
        <li>国庆日上的大规模庆典活动，是政府动员与号召力的具体体现。</li>
        <li>显示国家力量、增强国民信心，体现凝聚力，发挥号召力。</li>
            </ul>
            </main>
        </body>
        </html>
```

国家成就 p2.html 的源代码如下：

```
        <!DOCTYPE html>
        <html>
        <head>
            <meta charset="utf-8">
            <title></title>
            <style>
                body{
```

```
                text-align: center;
                font-size: 24px;
            }
            nav ul{
                width:80%;
                height: 60px;
                background:thistle;
                line-height: 60px;
                text-align: center;
                list-style: none;
                margin: 10px auto;
                }
            nav ul li{width:20%;float: left;margin-left: 20px;}
            h3{letter-spacing: 10px;}
            p{width: 60%;text-indent: 2em;margin: 20px auto;}
        </style>
    </head>
    <body>
        <nav>
        <ul>
                <li><a href="index.html">网站首页</a></li>
                <li><a href="p1.html">国庆简介</a></li>
                <li><a href="p2.html">国家成就</a></li>
                <li><a href="p3.html">壮美山河</a></li>
        </ul>
        </nav>
        <figure>
        <figcaption><h2>国家成就</h2></figcaption>
        <h3>1、两弹一星</h3>
        <p>“两弹一星”是新中国伟大成就的象征，是中华民族的骄傲。反映一个民族的能力，也是一个民族、一个国家兴旺发达的标志。“两弹一星”事业的巨大成功，依靠于党中央的英明决策和各方面的有力支持，是社会主义制度能够“集中力量办大事”的优势的生动体现。</p>
        <img src="img/原子弹.png">
        <h3> 2、天宫二号空间实验室</h3>
        <p>天宫二号为中国载人航天工程发射第二个目标飞行器，是中国首个具备补加功能的载人航天科学实验空间实验室。发射天宫二号是全面完成空间实验室阶段任务的关键之战，将为中国后续空间站建造和运营奠定坚实基础、积累宝贵经验，对于推进我中国载人航天事业持续发展，具有十分重要的意义。</p>
```

```
        <img src="img/天宫二号.png">
        <h3>3、中国天眼</h3>
        <p>具有中国独立自主知识产权的 FAST，是世界上目前口径最大、最精密的单天线射电望远镜，其设计综合体现了我国高技术创新能力。它将在基础研究众多领域，例如宇宙大尺度物理学、物质深层次结构和规律等方向提供发现和突破的机遇，也将在日地环境研究、国防建设和国家安全等方面发挥不可替代的作用。</p>
        <img src="img/天眼.png">
        <h3> 4、北斗卫星</h3>
         <p>北斗系统提供服务以来，已在交通运输、农林渔业、水文监测、气象测报、通信系统、电力调度、救灾减灾、公共安全等领域得到广泛应用，并已融入国家核心基础设施，产生了显著的经济效益和社会效益。</p>
          <img src="img/北斗卫星.png" >
        </figure>
    </body>
    </html>
```

壮美山河 p3.html 的源代码如下：

```
    <!DOCTYPE html>
    <html>
    <head>
        <meta charset="utf-8">
        <title></title>
        <style>
            body{
                text-align: center;
                font-size:24px;
            }
            nav ul{
                width:70%;
                height: 60px;
                background:thistle;
                line-height: 60px;
                text-align: center;
                list-style: none;
                margin: 10px auto;
                }
                h3{letter-spacing: 10px;}
                p{width: 70%;
    text-indent: 4em;
    margin: 10px auto;}
```

```
            img{width:70%;height: 300px;}
        nav ul li{width:20%;float: left;margin-left: 20px;}
    </style>
</head>
<body>
    <nav>
    <ul>
            <li><a href="index.html">网站首页</a></li>
            <li><a href="p1.html">国庆简介</a></li>
            <li><a href="p2.html">国家成就</a></li>
            <li><a href="p3.html">壮美山河</a></li>
    </ul>
    </nav>
            <figcaption><h2>壮美山河</h2></figcaption>
            <h3>1.长江</h3>
            <p align="left">长江发源于“世界屋脊”—青藏高原的唐古拉山脉各拉丹冬峰西南侧。长江干流流经青海省、四川省、西藏自治区、云南省、重庆市、湖北省、湖南省、江西省、安徽省、江苏省、上海市共 11 个省级行政区（八省二市一区），于崇明岛以东注入东海，全长 6397 千米，在世界大河中长度仅次于非洲的尼罗河和南美洲的亚马孙河，居世界第三位。</p>
            <img src="img/cj.jpg">
            <h3>2.黄河</h3>
            <p align="left">黄河，是位于中国北方地区的大河，属世界长河之一，中国第二长河(也称为第二大河流)。黄河全长约 5464 公里。其流域面积，《人民网》记载约 752443 平方公里，水利部网站《黄河网》则记为：流域总面积 79.5 万平方公里（含内流区面积 4.2 万平方公里)。黄河流域冬长夏短，冬夏温差悬殊，季节气温变化分明。</p>
        <img src="img/hh.jpg">
        <h3>3.长城</h3>
        <p align="left">长城（the Great Wall)，又称万里长城，是中国古代的军事防御工事，是一道高大、坚固而且连绵不断的长垣，用以限隔敌骑的行动。长城不是一道单纯孤立的城墙，而是以城墙为主体，同大量的城、障、亭、标相结合的防御体系。</p>
        <img src="img/cc.jpg">
</body>
</html>
```

### 3.1.7 知识储备

**1. HTML5 的简介**

2014 年 10 月 28 日，W3C 组织公开发布 HTML5 标准规范。HTML5 针对大量不规范的 HTML 文档，做到了良好的兼容性。

（1）HTML5 和 HTML4 的区别如下。

① DTD 的变化：HTML4. 01 基于 SGML，HTML5 不基于 SGML。

② HTML5 的语法变化<br/>：某些元素可以省略结束标签<p> <li> <dt> <dd> 等，没有结束标签的元素 <br> 等。

③ 属性值可以不用引号括起来。

④ 标签不再区分大小写。

⑤ 某些标志性的属性可以省略属性值，通常为 boolean 类型。

（2）HTML5 的优势如下。

① 解决跨浏览器，跨平台的兼容性问题。

② 增强了 Web 应用程序的功能，比如以前用 Flash 播放器来播放视频，现在直接使用 HTML5 来播放视频。

（3）HTML5 废弃的标签。

HTML5 废弃的标签：<big> <center> <font> <frame> <frameset> <noframes>等。

### 2. HTML5 新增的元素

（1）<header>：定义文档或节的页眉。

（2）<footer>：定义文档或节的页脚。

（3）<article>：定义文档内的独立内容。

（4）<section>：定义文档中的一个区域（或节）。

（5）<aside>：定义与当前界面或当前文章的内容几乎无关的附属信息。

（6）<nav>：定义界面上的导航链接部分。

（7）<audio>：定义声音，比如音乐或其他音频流。

（8）<video>：定义视频，比如电影片段或其他视频流。

（9）<mark>：定义高亮文本。

（10）<time>：定义被标注的内容是日期或时间（24 小时制）。

（11）<progress>：定义一个进度条。

（12）<figure>：定义一段独立内容的引用，经常配合<figcaption>使用，通常用在文中的图片、代码、表格等。

（13）<figcaption>：定义父节点<figure>元素里的说明或标题。

（14）<hgroup>：定义对多个<h1>~<h6>元素进行组合。

### 3. HTML5 新增文本格式化标签

（1）<b></b>：定义粗体文本。

（2）<strong></strong>：定义粗体文本（带有重要性语义）。

（3）<small></small>：定义小号字文本。

（4）<em></em>：定义斜体文本（侧重强调语义）。

（5）<i></i>：定义斜体文本。

（6）<sub></sub>：定义下标文本。

（7）<sup></sup>：定义上标文本。

（8）<bdo></bdo>：定义文本的方向。

（9）<pre></pre>：定义预格式化文本。

（10）<dfn></dfn>：定义专业术语。

（11）<cite></cite>：定义引用作品标题。

**4．表格**

（1）<thead></thead>：定义表格头部。

（2）<tbody></tbody>：定义表格主体。

（3）<tfoot></tfoot>：定义表格页脚。

（4）<colgroup></colgroup>：定义列属性。

**5．多媒体元素**

（1）插入视频。

插入视频语法：

```
<video src="" autoplay loop controls muted></video>
```

（2）插入音频。

插入音频语法：

```
<audio src="" autoplay loop controls></audio>
```

示例代码：

```
<audio src="music/1.mp3" controls="controls" autoplay="autoplay" loop="loop"></audio>
```

## 职业技能等级考证提要

1．能够使用 HTML5 语义化元素搭建界面主体结构。

2．能够使用 HTML5 新增全局属性、界面增强元素等制作静态网页。

3．能够使用 HTML5 多媒体元素在网页中播放音频和视频。

## 职业技能训练

**1．单项选择题**

（1）下列 HTML5 语义化元素中，（　　）用于表示页脚。

A. <footer> </footer>　　B. <article> </article>

C. <header></header>　　D. <section> </section>

（2）（　　）是 HTML5 新增的标签。

A. 〈samp〉　B. 〈aside〉　C. 〈isindex〉　D. 〈s〉

（3）关于 HTML5 说法正确的是：（　　）。

A. 所有主流浏览器都支持 HTML5

B. HTML5 主要是针对移动端进行了优化

C. HTML5 新增了离线缓存机制

D. HTML5 只是对 HTML4 的一个简单升级

（4）以下哪个元素是 HTML5 新增的表单控件元素？（　　）

A. <input type= " password " >　　B. <input type= " email " >

C. <input type= " hidden " >　　D. <input type= " submit " >

（5）以下不是 input 在 HTML5 的新类型的是：（　　）。

A. datetime　　B. file　　C. range　　D. color

2. 多项选择题

（1）background-origin 的值有（　　）。

A. content-box　　B. border-box　　C. padding-box　　D. none

（2）（　　）是 HTML5 新增的标签。

A. 〈figure〉　　B. 〈form〉　　C. 〈video〉　　D. 〈audio〉

（3）HTML5 支持的视频格式有（　　）。

A. ogg　　B. WebM　　C. flv　　D. mp4

3. 技能实训题

在某界面中实现了一个通过图文信息展示房屋装修效果的移动端网站，项目名称为“house”，首页 index. html 效果图，如图 3-7 所示。

具体要求：界面顶部是标题搜索栏和导航栏，下面是房屋信息列表栏。房屋信息列表栏每个列表项中包括一张房屋效果和简要说明，作为房屋详情信息的入口，界面打开后可以播放背景音乐。

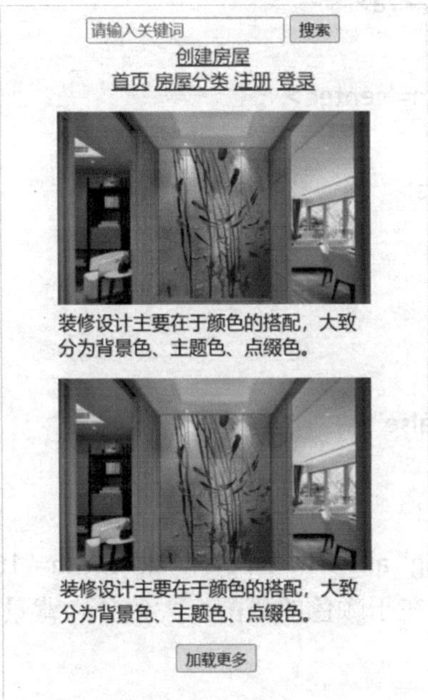


图 3-7　index.html 效果图

## 职业技能训练答案

1. 单项选择题

（1）A　　（2）B　　（3）C　　（4）B　　（5）B

2. 多项选择题

（1）ABC　　（2）ACD　　（3）ACD

3. 技能实训题

打开技能实训素材项目“house”，新建文件 index.html，源代码如下：

```
<!DOCTYPE html>
<HTML lang="en">
<head>
    <meta charset="UTF-8">
    <!--当前窗口宽度等于设备宽度 100%缩放级别为 1 -->
    <meta name="viewport" content="width=device-width， initial-scale=1">
    <title>房屋装饰网</title>
</head>
<body>
    <header width='375px' align='center'>
    <form><!--表单-->
    <input type="text" spellcheck="true" placeholder="请输入关键词">
    <input type="submit" value="搜索"></input>
    </form>
    <a href=""#"">创建房屋</a>
</header>
    <nav width=' 100%' align='center'>
    <a href="">首页</a>
    <a href="">房屋分类</a>
    <a href="">注册</a>
    <a href="">登录</a>
</nav>
<!--界面正文内容标签-->
<arctile contenteditable="false">
<section>
<figure>
    <img src="assets/fw1.jpg" alt="The Pulpit Rock" width="100%">
<figcaption>装修设计主要在于颜色的搭配，大致分为背景色、主题色、点缀色。
</figcaption></figure>
</8section>
<section>
<figure>
    <img src="assets/fw1.jpg" alt="The Pulpit Rock" width="100%">
<figcaption>装修设计主要在于颜色的搭配，大致分为背景色、主题色、点缀色。
</figcaption></figure>
</section>
<section>
    <audio src="assets/1.mp3" hidden="hidden" autoplay="autoplay"></audio>
    </section>
```

```
    </article>
    <footer align="center">
    <button>加载更多</button>
    </footer>
</body>
</html>
```

## 学习资源

1．电子文档：模块 3“HTML5 基础”教学 ppt 或者教案。
2．附件资料：项目素材。

# 项目 3.2　学员信息登记表

### 3.2.1　项目效果

首页 index.html 效果图如图 3-8 所示。

图 3-8　首页 index.html 效果图

### 3.2.2　项目背景

“双创”大赛从启动到总决赛，一般会经历 4～5 个月，期间会举办各类指导讲座、研讨会，以及答辩活动。通过使用表单，学院大赛管理组可以根据不同的活动要求快速设计出相应的报名界面，从而提升报名管理工作效率。

利用表单及表单元素，为学校制作一个“学员信息登记表”的表单应用界面，帮助学生提高报名效率。

### 3.2.3　项目说明

（1）项目至少完成一个界面，首页作为加载界面，背景为中国山水风格图片，首页主要实现报名信息的填写，如用户邮箱、性别、联系电话等内容。

（2）主题鲜明，布局合理，实现基本功能，可根据提供的素材开展制作，鼓励围绕主题搜集图片、文字，体现自主创新。

### 3.2.4　项目规划

项目 3.2 规划导图如图 3-9 所示。

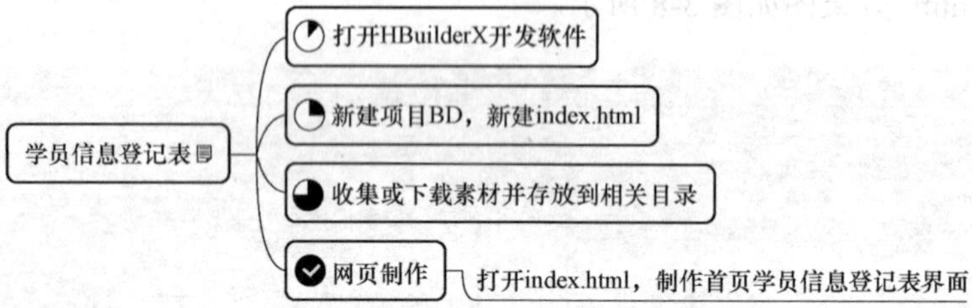


图 3-9　项目 3.2 规划导图

### 3.2.5　项目实施

（1）明确网站主题，搜集材料，规划网站，界面布局，准备图片及文字素材。

（2）打开 HBuilderX 开发软件，新建项目 BD，新建 index.html，具体操作如下。

① 在文件 head 里引入 style.css 文件，应用设置的样式。

② 通过最外层 div 对界面进行控制，设置宽度、高度和背景图像及相对定位。

③ 通过 form 对表单进行整体控制，设置宽度、高度、边距、边框样式和绝对定位。

④ <h2>级标题文字“学员信息登记表”，设置水平居中。

⑤ <p>设置每一行的信息模块，对齐和外边距样式。<span> 标签被用来组合文档中的行内元素，设置提示信息，对齐，设置宽度，右边距及右对齐样式。

⑥ <input>定义各个表单控件的样式，标记设置定义文本框、数字输入框、电子邮箱、手机号码、颜色选择器和普通按钮等，控制宽度、高度、文本、背景和边距等样式。通过表单控件设置不同的属性实现不同的功能。

⑦ <datalist>标签定义选项列表，与<input>元素配合使用该元素，列表是通过 datalist 内的 option 元素创建的，需把 datalist 绑定到输入域，用输入域的 list 属性引用 datalist 的 id。

新建 index.html 界面源代码如下：

```
<!doctype html>
<html>
<head>
    <meta charset="utf-8">
    <title>学员信息登记表</title>
    <link rel="stylesheet" href="style.css" type="text/css">
</head>
<body>
  <div class="bg">
    <form action="#" method="get" autocomplete="off">
    <h2>学员信息登记表</h2>
    <p><span>用户登录名：</span><input type="text" name="user_name"
value="myemail@163.com" disabled readonly />（不能修改，只能查看）</p>
    <p><span>真实姓名：</span><input type="text" name="real_name"
pattern="^[\u4e00-\u9fa5]{0，}$" placeholder="例如：张三" required autofocus/>（必须填写，
只能输入汉字）</p>
    <p><span>真实年龄：</span><input type="number" name="real_lage" value="24"
min="15" max="120" required/>（必须填写）</p>
    <p><span>出生日期：</span><input type="date" name="birthday" value="1990-10-1"
required/>（必须填写）</p>
    <p><span>电子邮箱：</span><input type="email" name="myemail"
placeholder="123456@126.com" required multiple/>（必须填写）</p>
    <p><span>身份证号：</span><input type="text" name="card" required pattern="^\d{8，
18}|[0-9x]{8，18}|[0-9X]{8，18}?$"/>（必须填写，能够以数字、字符X结尾的身份证号）</p>
    <p><span>手机号码：</span><input type="tel" name="telphone" pattern="^\d{11}$"
required/>（必须填写）</p>
    <p><span>个人主页：</span><input type="url" name="myurl" list="urllist"
placeholder="http://www.w3school.com.cn" pattern="^http://（[\w-]+\.）+[\w-]+
（/[\w-./?%&=]*）?$"/>（请选择网址）
      <datalist id="urllist">
      <option>https://v4.bootCSS.com/</option>
      <option>https://swiper.com.cn/</option>
      <option>http://www.w3school.com.cn</option>
      </datalist>
    </p>
    <p class="lucky"><span>幸运颜色：</span><input type="color" name="lovecolor"
value="#6bd0f5"/>（请选择你喜欢的颜色）</p>
    <p class="btn">
```

```
        <input type="submit" value="提交"/>
        <input type="reset" value="重置"/>
        </p>
        </form>
</div>
</body>
</html>
```

（3）新建 style.css 文件，使用 CSS 对界面的样式进行美化修饰。

① 定义基础样式，具体源代码如下：

```
body{font-size:12px; font-family:"微软雅黑";}                          /*全局控制*/
body，form，input，h1，p{padding:0; margin:0; border:0; }  /*重置浏览器的默认样式*/
```

② 整体设置界面，通过定义最外层<div>样式，对界面进行整体控制，具体源代码如下：

```
.bg{
   width:800px;
     height:800px;
   background:url（images/form_bg.jpg）no-repeat;       /*添加界面背景图片*/
   position:relative;                                          /*设置相对定位*/
   background-size: cover;                      /*让背景图基于容器大小伸缩*/
}
```

③ 整体设置表单界面，具体源代码如下：

```
form{
   width:600px;
   height:400px;
   margin:30px auto; /*使表单在浏览器中居中，上下和浏览器边缘有一定距离*/
   padding-left:30px;                        /*使边框和内容之间保持一定距离*/
   position:absolute;                                        /*设置绝对定位*/
   left:20%;
   top:5%;
}
```

④ 设置表单标题，具体源代码如下：

```
h2{                                                         /*控制标题位置*/
   text-align: center;                                  /*标题位置居中对齐*/
   margin:25px 0;                                       /*设置外边距*/
   color: #2c6793;                                     /*设置标题颜色*/
}
```

⑤ 整体设置每行信息，具体源代码如下：

```
p{margin-top:20px; color: #2c6793;} /*表单控件拉开距离，设置上外边距和颜色*/
```

⑥ 设置左边的提示信息，具体源代码如下：

```
p span{
```

```
    width:75px;
    display:inline-block;                        /*将行内元素转换为行内块元素*/
    text-align:right;                                            /*居右对齐*/
    padding-right:10px;
}
```

⑦ 控制表单控件，具体源代码如下：

```
p input{                                              /*设置所有输入框样式*/
    width:200px;
    height:18px;
    border:1px solid #6bd0f5;
        padding:2px;                   /*设置输入框与输入内容之间拉开一定距离*/
}
.lucky input{                                /*单独设置幸运颜色输入框样式*/
    width:100px;
    height:24px;
}
```

⑧ 控制提交和重置按钮，具体源代码如下：

```
.btn input{                      /*设置两个按钮的宽高、边距、背景及边框样式*/
    width:100px;
    height:30px;
    background:#2c6793;
    margin-top:20px;
    margin-left:75px;
    border-radius:3px;                                    /*设置圆角边框样式*/
    font-size:18px;
    font-family:"微软雅黑";
    color:#fff;
}
```

### 3.2.6 项目拓展

在完全实现基础设计后，请结合给出的素材项目说明，运用表单及表单元素，设计并实现消防安全知识问答界面示例图，如图 3-10 所示。

素材项目说明：在准备比赛期间，学院大赛管理组为参加集训营的参赛选手申请专用机房和教室备赛。为了督促同学遵守机房和教室使用规则，保障学生安全，使用表单发布消防安全知识问卷。通过这种方式，机房和教室管理工作的规范性也得到了进一步提升。

作为新时代的大学生，我们要有责任担当，练就过硬本领，保持干劲，弘扬劳动精神，提高安全意识，用自己的知识和技能为学校和社会经济发展贡献更多力量。

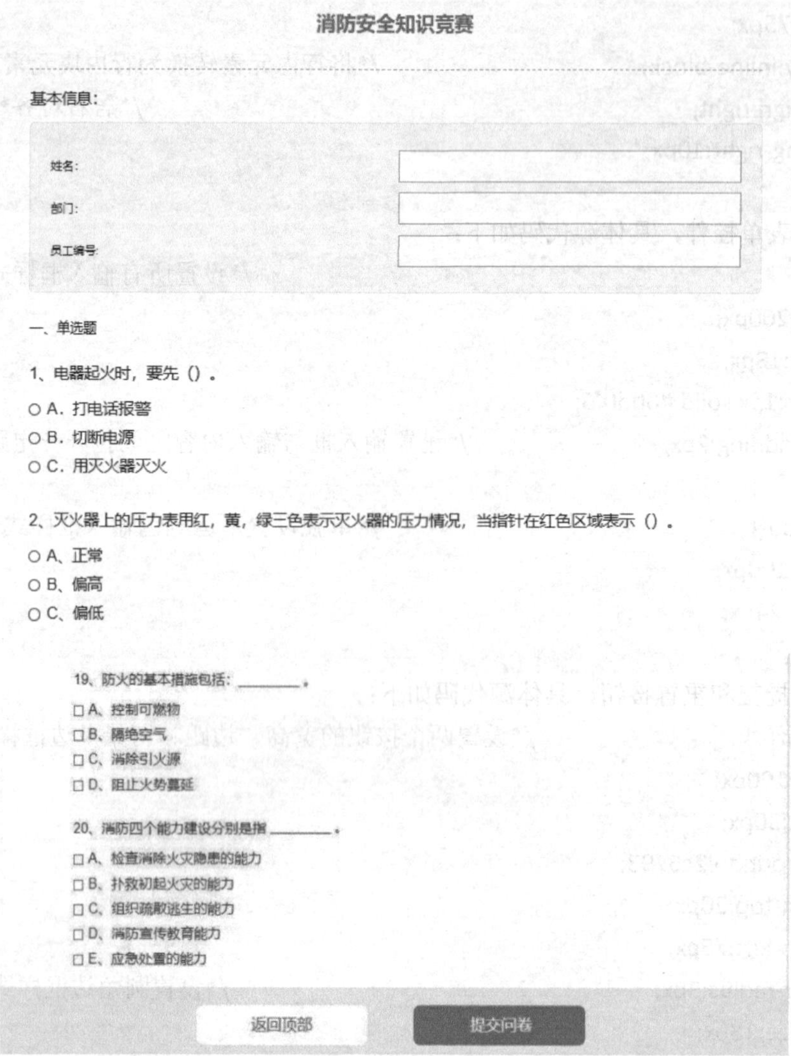


图 3-10　消防安全知识问答界面示例图

## 3.2.7　知识储备

### 1．HTML5 表单新增的元素

HTML5 表单在兼容原有元素的基础上，又新增了许多新的元素类型，如 email、number、url、range 等。其次，还新增加许多新的方法与属性，如 list、pattern、autofocus、placeholder 等。另外，HTML5 表单元素中数据的有效性验证不再依赖于编写脚本语言的方式，而是可以通过 HTML5 自身内建验证机制实现，这一功能为开发人员带来极大的便利，在很大程度上提高了开发的效率。

input 元素新增功能类型。

input 元素新增的功能类型有 color、number、range、time、date、datetime、datetime-local、month、week、email、url、tel 和 search 共 13 个。

① type="color"。

该类型主要用于选取颜色，是<input>元素中的一个特定种类，其用于创建一个允许用户使用的颜色选择器，或输入兼容 CSS 语法的颜色代码的区域。

示例代码：

```
<input type="color" onchange="document.form.style.backgroundColor;">
```

② type="number"。

该类型生成一个只能输入数字的输入框，浏览器可能会为这个输入框提供步进箭头，用户可以使用鼠标增加或减少输入的值，其中使用 min 属性表示最小值和 max 属性表示最大值，也可使用 step 属性表示两个数字间的间隔，和一次增加或减少的值，value 表示默认值。

示例代码：

```
<input   type="number"   name="number"   id=""   value=""   max="100"   min="0"
step="10"/><br/>
<input type="submit" id="" name=""/>
```

③ type="range"。

该类型生成一个拖动条，使用拖动条，用户只能输入指定范围、指定步长的值。同样，可以使用 min 和 max 属性指定该字段的最小值和最大值，使用 step 属性更改步长。

示例代码：

```
<input type="range" name="range" id="" value="" max="100" min="0" step="10">
<input type="submit" id="" name="">
```

④ type="date"。

该类型表示选择年、月、日（可手动输入），通过 min 和 max 属性限制用户可选日期范围。type="time"，表示选择具体时间，包括时和分。type="datetime"，表示选择年、月、日和时间（指的是 UTC 时间，即格林尼治标准时间），若文本框相似，需要手动输入具体时间。type="datetime-local"，表示选择年、月、日和时间（本地时间，即电脑设置的时间）。type="month"，表示选择年、月。type="week"，表示选择年、周。

示例代码：

```
<input type="date">                  /*date 日期*/
<input type="time">                  /*time 时间*/
<input type="datetime">               /*datetime UTC 时间*/
<input type="datetime-local">        /*datetime- local 本地时间*/
<input type="month">                 /*month 月*/
<input type="week">                  /*week 周*/
```

⑤ type="email"。

该类型表示电子邮件地址文本框，会自动验证 email 的值，如果指定了 multiple 属性，用户还可以输入多个 email 地址，用英文逗号隔开即可。

示例代码：

```
<input type="email" name="myemail" multiple />
```

⑥ type="url"。

该类型表示网页的 URL，输入 URL 字段，提交表单时会自动检查用户输入的内容，要按照这种格式：http://www.baidu.com 或者 https://www.baidu.com。

示例代码：

```
<input type="url" name="url">
<input type="submit" name="" />
```

⑦ type="tel"。

该类型生成一个只能输入电话号码的文本框，用来输入电话号码，用于表示语义上的电话输入域。

示例代码：

```
<input type="tel" name="telphone">
```

⑧ type="search"。

该类型用于搜索引擎（搜索框）的语义化标记。

示例代码：

```
<input type="search" />
<input type="submit" name="" />
```

### 2. HTML5 新增的表单控件

<output>元素用于表示计算或者用户操作的结果，可以更加明确地显示其他表单控件的值，使得表单更加人性化。浏览器不支持<output>标签。

示例代码：

```
<form oninput="x.value=parseInt（A、value）+parseInt（B、value）">0
    <input type="range" id="a" value="50">100
    +<input type="number" id="b" value="50">
    =<output name="x" for="a b"></output>
</form>
```

### 3. HTML5 表单控件新增的属性

HTML5 为表单控件增加了大量属性，有些属性在以前的 HTML 中需要 JavaScript 实现，这些属性在很大程度上减轻了 Web 前端工程师的工作量。

（1）form 属性。

form 属性用于表明该表单控件所属的表单，该属性的值是其所属表单的 id。

示例代码：

```
<form id="testform">
        <input type="testform">
</form>
```

（2）formaction 属性。

formaction 属性，可以使得点击不同的按钮，将表单提交到不同的界面。

示例代码：

```
<input action="form_action.asp">
```

（3）formmethod 属性。

在 HTML5 中，可以使用 formation 属性来对每个表单元素分别指定不同的提交界面，同时也可以使用 formmethod 属性来对每个表单元素分别指定不同的提交方法。

示例代码：

```
<input action="form_action.asp" method="get">
```

（4）formenctype 属性。

可以使用 formenctype 属性对表单元素分别指定不同的编码方式。

示例代码：

```
<input type="text" formenctype="text/plain">
<input type="text" formenctype="multipart/form-data">
```

（5）placeholder 属性和 autofocus 属性。

placeholder 是指当文本框处于未输入状态时显示的输入提示，autofocus 属性自动获取光标焦点。

示例代码：

```
<input type="text" autofocus>
```

（6）autocomplete 属性。

autocomplete 属性辅助输入所用的自动完成功能。

示例代码：

```
<input id="formBox" autocomplete="on">
```

（7）list 属性。

list 属性用于设置数据列表，可以指定输入框所绑定的 datalist 元素。list 属性的值是某个 datalist 元素的 id。

示例代码：

```
<input list="datalist_id">
```

（8）required 属性。

required 属性，提示用户这个元素中必须输入内容。在提交时，如果元素中内容为空白，则不允许提交，同时在浏览器中显示信息提示文字，有助于数据库管理。

示例代码：

```
<input type="text" required="required" autofocus>
```

## 职业技能等级考证提要

1．能够使用文本标签、图像、列表、表格、表单等搭建静态网页。

2．能够使用 HTML5 新增全局属性、界面增强元素、表单等美化静态网页。

## 职业技能训练

### 1．单项选择题

（1）以下哪项不属于 HTML5 中 input 标签新增的输入类型？（　　）

A．email　　B．url　　C．number　　D．radio

（2）以下哪项不是 HTML5 新增的 form 元素？（　　）

A．datalist　　B．keygen　　C．output　　D．novalidate

（3）如果用户在表单输入一个有效的日期，可以设置 input 元素的 type 属性为（　　）。

A．month　　B．year　　C．date　　D．range

2. 多项选择题

（1）下列选项中，对表单常用属性的阐述正确是（　　）。

A. action="url 地址"　　B. method="提交方式"

C. size="长度"　　D. name="表单名称"

（2）下列选项中，属于<select>和<option>标记常用属性的是（　　）。

A. size　　B. multiple　　C. selected　　D. value

3. 判断题

（1）在定义下拉列表时，<option></option>标记必须嵌套在<select></select>标记中。（　　）

（2）表单提交后的数据处理程序由 action 属性指定。（　　）

（3）重置按钮用于将表单中所有的输入信息清空，然后让用户可以重新。（　　）

4. 技能实训题

模拟微博的首页，用 CSS3 的新特性开发微傅网站，界面中需包含搜索栏、导航栏、微博话题栏。搜索功能界面效果图如图 3-11 所示。

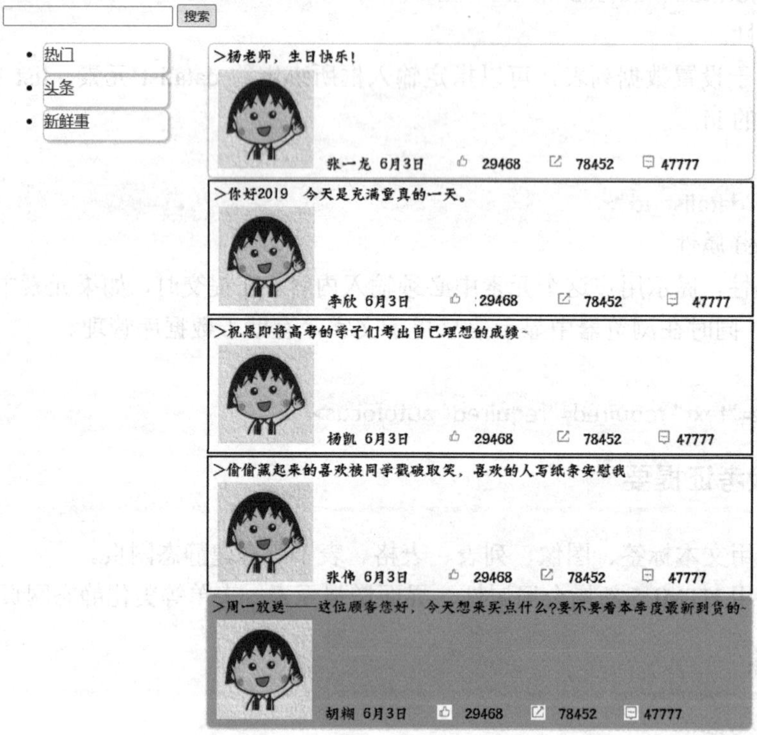


图 3-11　搜索功能界面效果图

## 职业技能训练答案

1. 单项选择题

（1）D　（2）D　（3）C

**2. 多项选择题**

（1）ABD　（2）ABC

**3. 判断题**

（1）√　（2）√　（3）√

**4. 技能实训题**

打开项目“weibo”，有 fonts、img 文件夹，新建 index.html 文件，源代码如下：

```
<!doctype html>
<html>
<head>
    <meta charset="UTF-8">
    <title>微博</title>
    <style type="text/css">
        .list1 li {
            list-style-type: none;
            border: 2px solid;
        }
        list1 li:nth-child（1） { /*微博列表第一个列表项*/
            border: 1px solid #ccc; /*为列表添加边框*/
            border-radius: 6px; /*设置列表圆角*/
            box-shadow: 0 1px 1px #ccc; /*列表阴影设置*/
        }
        .list1 li:last-child { /*微博列表最后一个列表项*/
            border: solid #ccc 1px; /*为列表添加边框*/
            border-radius: 6px; /*设置表格圆角*/
            box-shadow: 0 1px 1px #ccc; /*表格阴影设置*/
        }
        /*通过 font-face 引入外部字体*/
        @font-face {
            font-family: YourWebFontName;
            src: url（'fonts/1.TTF'） ;
        }
        /*将外部字体应用到界面元素*/
        .list1 li {
            font-family: 'YourWebFontName';
        }
        .list1 li:last-child{
            background-color: HSLA（0，100%，60%，0.5）;/*设置颜色*/
        }
        article { float: left;}
```

```
        </style>
</head>
<body>
<div id="container">
        <form action="">
                <input type="text">
                <button type="button">搜索</button>
        </form>
        <article>
                <!--      侧边栏-->
                <div class="nav">
                        <div class="nav_left">
                                <!-- 侧边栏内容-->
                                <ul class="list">
                                        <li><a href="">热门</a></li>
                                        <li class="nav_li_hover">
                                                <a href="">头条</a>
                                        </li>
                                        <li><a href="">新鲜事</a></li>
                                </ul>
                        </div>
                </div>
        </article>
        <article>
                <!--微博话题栏-->
                <div class="nav_main">
                        <!--微博话题栏内容-->
                        <ul class="list1">
                                <li>
                                        >杨老师，生日快乐!
                        <br><img src="img/4.jpg" alt="error" width="100" height="100">
                                        张一龙 6 月 3 日  
                                        <img src="img/3.jpg" alt="error" width="11" height="11">
                                        29468  
                                        <img src="img/2.jpg" alt="error" width="11" height="11">
                                        78452  
                         <img src="img/1.jpg" alt="error" width="11" height="11">47777
                                </li>
                                <li>
```

```
            >你好 2019  今天是充满童真的一天。
            <br><img src="img/4.jpg" width="100" height="100">
            李欣 6 月 3 日   
            <img src="img/3.jpg" width="11" height="11">
            29468   
            <img src="img/2.jpg" width="11" height="11">
            78452    
            <img src="img/1.jpg" width="11" height="11"> 47777
        </li>
        <li>
            >祝愿即将高考的学子们考出自己理想的成绩~
            <br><img src="img/4.jpg" width="100" height="100">
            杨凯 6 月 3 日   
            <img src="img/3.jpg" width="11" height="11">
            29468    
            <img src="img/2.jpg" width="11" height="11">
            78452   
            <img src="img/1.jpg" width="11" height="11">47777
        </li>
        <li>
            >偷偷藏起来，喜欢被同学取笑。
            <br><img src="img/4.jpg" width="100" height="100">
            张伟 6 月 3 日   
            <img src="img/3.jpg" width="11" height="11">
            29468  
            <img src="img/2.jpg" width="11" height="11">
            78452   
            <img src="img/1.jpg" width="11" height="11">
            47777
        </li>
        <li>
>周一放送——这位顾客您好，今天想来买点什么?要不要看本季度最新到货的~
            <br><img src="img/4.jpg" width="100" height="100">
            胡糊 6 月 3 日  
            <img src="img/3.jpg" width="11" height="11">
            29468  
            <img src="img/2.jpg" width="11" height="11">
            78452  
            <img src="img/1.jpg" width="11" height="11">47777
```

```
                </li>
            </ul>
        </div>
    </article>
</div>
</body>
</html>
```

## 学习资源

1．电子文档：教学 ppt“模块 3 HTML5 基础”或者教案。
2．附件资料：项目素材。
3．Bootstrap V4 中文文档（forms 组件）。
网址为：https://v4.bootCSS.com/docs/components/forms/。

# 模块 4　CSS3 基础

## 知识目标

1. 掌握 CSS3 中新增加的属性选择器，能够运用属性选择器为界面中的元素添加样式。
2. 了解关系选择器的用法，能够准确判断元素与元素间的关系。
3. 掌握常用的伪元素选择器，能够灵活选取个别元素。
4. 掌握常用的结构化伪类选择器，能够为相同名称的元素定义不同样式。
5. 掌握伪元素选择器的使用，能够在界面中插入所需要的文字或图片内容。
6. 掌握 CSS 伪类，会使用 CSS 伪类实现超链接特效。
7. 掌握 CSS3 动画、过渡等属性完成网页动态效果。
8. 掌握 CSS3 多列布局、弹性布局等设计网页布局。

## 技能目标

1. 能够使用 CSS3 新增选择器获取网页元素。
2. 能够使用 CSS3 边框、颜色、字体、盒子阴影、背景、渐变等新特性美化界面样式。
3. 能够使用 CSS3 动画、过渡等完成网页动态效果。
4. 能够使用 CSS3 多列布局、弹性布局等设计网页布局。
5. 能够使用 2D、3D 转换完成网页元素的旋转、平移、缩放和倾斜效果。

## 素养目标

1. 加强学生对祖国的认同感和责任心，发扬中国人民团结协作、共克时艰的优良传统。
2. 培养公民意识和责任感，强调每个人都应为国家尽自己的一份力量。
3. 凝聚集体力量，倡导同舟共济的精神，让大家感受到团结合作的力量，并营造出积极向上的氛围。

# 项目 4.1　工匠精神

## 4.1.1　项目效果

“敬业精神”菜单界面效果图如图 4-1 所示。

图 4-1 “敬业精神”菜单界面效果图

“精益求精”菜单界面效果图如图 4-2 所示。

图 4-2　“精益求精”菜单界面效果图

“专注精神”菜单界面效果图如图 4-3 所示。

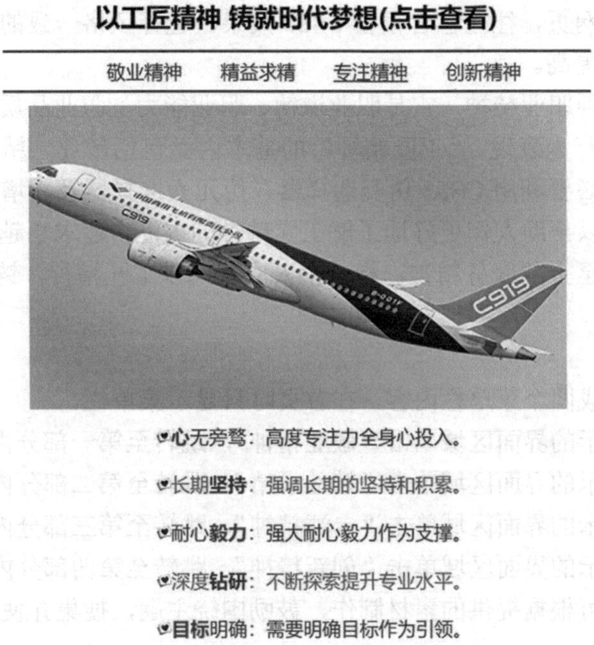


图 4-3 “专注精神”菜单界面效果图

“创新精神”菜单界面效果图如图 4-4 所示。

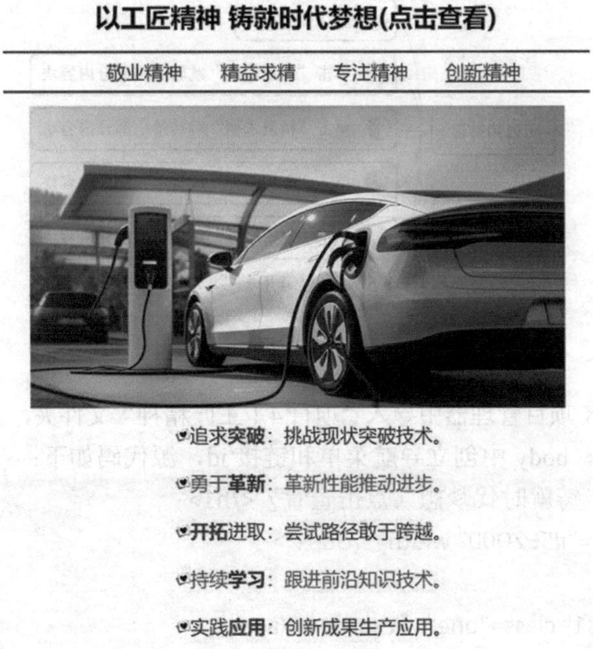


图 4-4 “创新精神”菜单界面效果图

### 4.1.2　项目背景

一个主题鲜明的网页，往往包含很多 CSS3 效果。选择风格一致的界面，使得网页格式设置灵活快捷，效率提高。

工匠精神，是一种职业精神，它是职业道德、职业能力、职业品质的体现，是从业者的一种职业价值取向和行为表现。“工匠精神”的基本内涵包括敬业、精益、专注、创新等方面的内容。因此，有必要利用 CSS3 伪类选择器、伪元素选择器及新增属性建立一个了解工匠精神主题的网页，以帮助人们更好地了解工匠精神的内涵，追求卓越的创造精神、精益求精的品质精神、用户至上的服务精神，指引个人成长，以工匠精神，铸就中国梦想。

### 4.1.3　项目说明

（1）项目至少完成四个菜单栏内容，在首页时只显示菜单栏。

（2）当在首页所示的界面区域单击“敬业精神”，跳转至第一部分内容块。

（3）当在首页所示的界面区域单击“精益求精”，跳转至第二部分内容块。

（4）当在首页所示的界面区域单击“专注精神”，跳转至第三部分内容块。

（5）当在首页所示的界面区域单击“创新精神”，跳转至第四部分内容块。

（6）主题鲜明，可根据提供的素材制作，鼓励围绕主题，搜集并使用图片和文字，进行自主创新。

### 4.1.4　项目规划

项目 4.1 规划导图如图 4-5 所示。

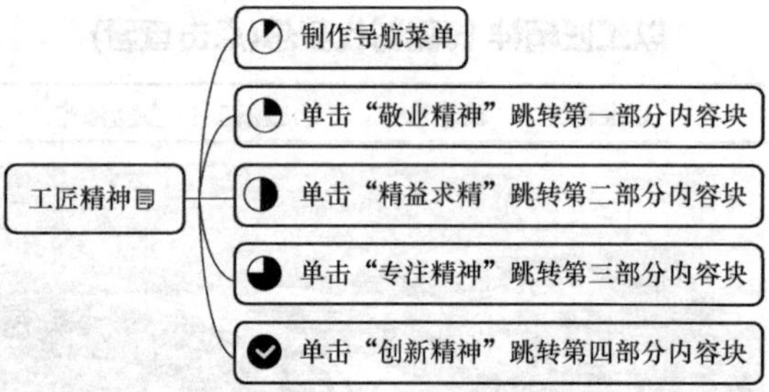


图 4-5　项目 4.1 规划导图

### 4.1.5　项目实施

（1）在 HBuilderX 项目管理器中导入“项目 4.1 工匠精神”文件夹，新建源文件 index.html。

（2）首页的制作，body 中创立导航菜单和链接 id，源代码如下：

```
<h1>以工匠精神 铸就时代梦想（点击查看）</h1>
<hr size="3" color="#5E2D00" width="750px">
<nav>
   <a href="#news1" class="one">敬业精神</a>
   <a href="#news2" class="two">精益求精</a>
   <a href="#news3" class="two">专注精神</a>
```

```
      <a href="#news4" class="two">创新精神</a>
  </nav>
  <hr size="3" color="#5E2D00"   width="750px">
```

（3）设置 CSS 属性：在 CSS 文件夹，新建样式文件 style.css。

① 定义基础样式，首先要清除浏览器默认样式，全局控制界面的样式。源代码如下：

```
*{list-style:none;}
/* 全局控制 */
body{font-family:"微软雅黑";text-align: center;}
```

② 定义超链接的样式，源代码如下：

```
a{
  margin-left: 20px;
  text-indent: 1em;
  display:inline-block;
  font-size:24px;
  color:#5E2D00;
}
a:link，a:visited{text-decoration:none;}
a:hover{
   text-decoration:underline;
   color:#f03;
}
```

（4）在 index.html 中建立单击菜单选项时显示内容部分，内容部分整体通过 dl 控制设置 id 为 news1 的定义列表 dl，在其中插入图片.jpg，输入素材“文字.txt”中相应文字。具体操作步骤如下。

① 设置 id 为 news1 定义列表 dl，插入图片 11.jpg，输入“文字.txt”中相应文字。

② 设置 id 为 news2 定义列表 dl，插入图片 22.jpg，输入“文字.txt”中相应文字。

③ 设置 id 为 news3 定义列表 dl，插入图片 33.jpg，输入“文字.txt”中相应文字。

④ 设置 id 为 news4 定义列表 dl，插入图片 44.jpg，输入“文字.txt”中相应文字。

源代码如下：

```
<dl id="news1">
  <dt><img src="images/11.jpg"></dt>
  <dd>牢固树立职业<em>理想</em>。</dd>
  <dd>准确设定岗位<em>目标</em>。</dd>
  <dd>大力强化职业<em>责任</em>。</dd>
  <dd>自觉遵守职业<em>纪律</em>。</dd>
  <dd>不断优化职业<em>作风</em>。</dd>
  <dd>全面提高职业<em>技能</em>。</dd>
</dl>
<dl id="news2">
```

```
<dt><img src="images/22.jpg"></dt>
    <dd>追求<em>卓越</em>：精益求精核心追求卓越。</dd>
    <dd>持续<em>改进</em>：精益求精强调持续改进。</dd>
    <dd>注重<em>细节</em>：精益求精要求注重细节。</dd>
    <dd>勇于<em>创新</em>：精益求精不能离开创新。</dd>
    <dd>永不<em>满足</em>：精益求精体现永不满足。</dd>
</dl>
<dl id="news3">
   <dt><img src="images/33.jpg"></dt>
   <dd><em>心</em>无旁骛：高度专注力全身心投入。</dd>
   <dd>长期<em>坚持</em>：强调长期的坚持和积累。</dd>
   <dd>耐心<em>毅力</em>：强大耐心毅力作为支撑。</dd>
   <dd>深度<em>钻研</em>：不断探索提升专业水平。</dd>
   <dd><em>目标</em>明确：需要明确目标作为引领。</dd>
</dl>
<dl id="news4">
   <dt><img src="images/44.jpg"></dt>
   <dd>追求<em>突破</em>：挑战现状突破技术。</dd>
   <dd>勇于<em>革新</em>：革新性能推动进步。</dd>
   <dd><em>开拓</em>进取：尝试路径敢于跨越。</dd>
   <dd>持续<em>学习</em>：跟进前沿知识技术。</dd>
   <dd>实践<em>应用</em>：创新成果生产应用。</dd>
</dl>
```

（5）在 style.css 文件中，设置 dl 的 CSS 样式，当加载界面完成时显示效果为隐藏，并在文字前增加小图片，然后统一设置奇数行、偶数行的文字颜色和效果等，具体操作如下。

① dl 设置不显示隐藏。

② dd 设置行高度为 40 px，字号为 24 排序，颜色#333。

③ dd 之前添加小图片 images/11.png。

④ 设置 dd 的偶数行 em 强调文本格式为颜色#f03，加粗，不倾斜。

⑤ 设置 dd 的奇数行 em 强调文本格式为颜色#5E2D00，加粗，不倾斜。

⑥ 鼠标单击菜单项时，相应的定义列表块显示。

源代码如下：

```
dl{display:none;}
dd{
   line-height:40px;
   font-size:24px;
   color:#333;
}
dd:before{content:url（images/11.png）;}/* 添加小图片 */
```

```
dd:nth-child（odd）{color:green;}
dd:nth-child（2n） em{
  color:#f03;
  font-weight:bold;
  font-style: normal;
}
  dd:nth-child（2n+1） em{
  color:#5E2D00;
  font-weight:bold;
      font-style: normal;
}
:target{display:block;}/* 链接到的内容部分显示 */
```

### 4.1.6 知识储备

**CSS3 新增选择器**

1）属性选择器

属性选择器一共有 7 种写法。

（1）选择器[属性]——具有某属性的元素。

（2）选择器[属性="属性值"]——具有某属性具体值的元素。

（3）选择器[属性^="属性值"]——具有某属性以属性值开头的元素。

（4）选择器[属性$="属性值"]——具有某属性以属性值结尾的元素。

（5）选择器[属性*="属性值"]——具有某属性包含属性值的元素。

（6）选择器[属性~="属性值"]——具有某属性的元素。

（7）选择器[属性|="属性值"]——具有某属性除了属性值的元素。

2）关系选择器

（1）群组选择器。

语法：选择器 1,选择器 2,选择器 3,...{ }。

作用：同时选中对应选择器的元素。

（2）后代选择器。

语法：parent child。

作用：后代选择器也叫包含选择器，选择所有作为祖先元素后代的元素。

（3）子代选择器。

语法：parent > child。

作用：父元素直接包含子元素，子元素直接被父元素包含。

（4）相邻兄弟选择器。

语法：选择器 A+选择器 B。

作用：选择紧接在 A 元素之后的 B 元素。

（5）通用兄弟选择器。

语法：选择器 A~选择器 B。

作用：选择所有 A 元素之后的所有 B 元素。

3）伪类选择器

（1）常用的伪类选择器。

① :first-child — 第一个子元素。

② :last-child — 最后一个子元素。

③ :nth-child(n) — 选中第 n 个元素。

④ :nth-child() — 选取范围内元素。括号内的内容可以是以下几种。

a）n — n 的范围 0 到正无穷（全选）。

b）even 或 2n — 选中偶数位的元素。

c）odd 或 2n+1 — 选中奇数位得到元素。

⑤ :first-of-type —第一个子元素。

⑥ :last-of-type — 最后一个子元素。

⑦ :nth-of-type() — 选中第 n 个元素，以 type 结尾的是在相同元素中选择。

（2）否定伪类。

:not() — 将符号条件的元素去除。

（3）元素的伪类。

① :link — 表示未访问过的 a 标签。

② :visited — 表示访问过的 a 标签。

③ :hover — 鼠标移入后元素的状态。

④ :active — 鼠标点击后，元素的状态。

（4）常见的伪元素选择器。

① ::first-letter — 表示第一个字母。

② ::first-line — 表示第一行。

③ ::selection — 表示选中的元素。

④ ::before — 元素开始的位置前。

⑤ ::after — 元素结束的位置后。

说明：befor 和 after 必须配合 contend 一起使用（before，after 所写的内容无法选中且永远在最前和最后）。

## 职业技能等级考证提要

1. 能够使用 CSS3 新增选择器获取网页元素。
2. 能够使用 CSS3 边框、颜色、字体等新特性美化界面样式。

## 职业技能训练

### 1. 单项选择题

（1）关于元素的圆角边框说法正确的是（　　）。

A. 不能把元素设置成圆形

B. border-radius 属性只能设置一个值

C. 可以使用 border-radius 属性给元素设置圆角边框

D. border-top-left-radius 属性用于设置右上角的圆角边框

（2）（　　）是 CSS3 中新增的选择器。

A. div h1　　B. p ~ ul

C. div1　　D. h1, p

（3）关于 flex 布局说法不正确的是（　　）。

A. 任何一个容器都可以使用 flex 弹性布局

B. justify-content 属性定义了容器项目在主轴上的对齐方式

C. 容器默认存在两根轴：水平的主轴和垂直的交叉轴

D. 设置 flex:1 无意义

**2. 多项选择题**

（1）实现文字溢出显示省略号的效果，应该给元素设置哪些属性?（　　）

A. width:300px;　　B. text-overflow: ellipsis;

C. white-space: nowrap;　　D. overflow: hidden;

（2）想让元素脱离文档普通流，需要把 position 属性值设置成（　　）。

A. static　　B. absolute

C. relative　　D. fixed

（3）在 HTML 文件中应用 abc.CSS 文件中的样式的方法有（　　）。

A. <style type="text/CSS">@import url（abc.CSS）;</style>

B. <link href= "abc.CSS" type="text/CSS" rel="stylesheet">

C. <style type= "text/CSS">import url（abc.CSS）;</style>

D. <style type="text/CSS">@import（abc.CSS）;</style>

（4）在 CSS 语言下列哪些选项是背景图像的属性?（　　）

A. 纵向排列　　B. 背景重复

C. 背景附件　　D. 背景位置

（5）实现文字溢出显示省略号的效果，应该给元素设置哪些属性?（　　）

A. white-space：nowrap;　　B. width:300 px;

C. text-overflow: ellipsis;　　D. overflow: hidden;

**3. 判断题**

（1）slideUp()方法通过高度变化（向上减小）来动态地隐藏所有匹配的元素。（　　）

（2）CSS3 中让一个元素按规定的动画执行，要使用 keyframes 规则。（　　）

**4. 技能实训题**

（1）实训“移动端电商网站”，在某界面中实现了移动端电商网站的首页，界面分为两个部分，效果如图 4-6 所示。项目名称为“business”，包含首页 index.html。

具体要求：界面顶部是标题搜索栏，包括搜索框和注册链接，界面下半部分是商品列表栏。商品列表栏每个列表项中包括商品名称、商品价格、交易数量和一张商品缩略图。

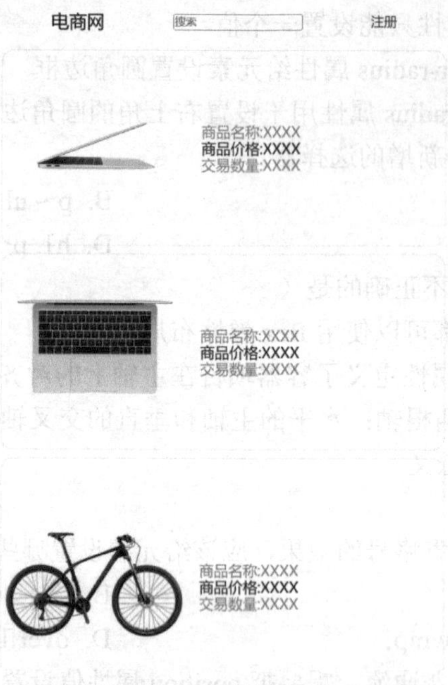


图 4-6　移动端电商网站 index.html 界面

（2）实训“学院门户网站”，制作学院简介界面，界面内容包括带有学院名称的图片，以及学院最新发布的信息列表，利用 CSS3 样式属性控制元素的布局，界面效果，如图 4-7 所示。

图 4-7　学院门户界面

## 职业技能训练答案

1. 单项选择题

（1）C　（2）B　（3）C

2. 多项选择题

（1）ABC　（2）BD　（3）AB　（4）ABD　（5）BCD

3. 判断题

（1）√　（2）√

4. 技能实训题

（1）实训“移动端电商网站”，打开技能实训素材项目“business”。

① 新建文件 index.html，源代码如下：

```
<!DOCTYPE html>
<html lang="en">
<head>
  <meta charset="UTF-8">
  <!--当前窗口宽度等于设备宽度 100%，缩放级别为 1，禁止界面缩放 -->
  <meta name="viewport" content="width=device-width， initial-scale=1.0，
user-scalable=no">
  <link rel="stylesheet" type="text/css" href="CSS/shop.css">
  <title>电商网</title>
</head>
<body>
  <div id="top">
    <div class="brand">电商网</div>
      <!-- 表单采用 get 提交 -->
      <form action="" method="GET">
        <!-- input 的 type 使用的是 HTML5 新属性 search -->
        <input type="search" placeholder="搜索">
      </form>
      <!-- 注册链接 -->
      <a href="">注册</a>
    </div>
    <div class="content">
      <div class="pic_info">
        <!-- 商品的图片展示 -->
        <div class="pic_box">
          <img src="img/01.jpg" alt="商品">
        </div>
        <!-- 商品的图片展示 -->
```

```
            <ul>
                <li>商品名称:XXXX</li>
                <li>商品价格:XXXX</li>
                <li>交易数量:XXXX</li>
            </ul>
        </div>
    </div>
    <!-- 后面商品同上结构 -->
    <div class="content">
        <div class="pic_info">
            <!-- 商品的图片展示 -->
            <div class="pic_box">
                <img src="img/02.jpg" alt="商品">
            </div>
            <!-- 商品的图片展示 -->
            <ul>
                <li>商品名称:XXXX</li>
                <li>商品价格:XXXX</li>
                <li>交易数量:XXXX</li>
            </ul>
        </div>
    </div>
    <div class="content">
        <div class="pic_info">
            <!-- 商品的图片展示 -->
            <div class="pic_box">
                <img src="img/03.jpg" alt="商品">
            </div>
            <!-- 商品的图片展示 -->
            <ul>
                <li>商品名称:XXXX</li>
                <li>商品价格:XXXX</li>
                <li>交易数量:XXXX</li>
            </ul>
        </div>
    </div>
</body>
</html>
```

② 在 CSS 文件夹中新建 shop.css 样式文件，源代码如下：

```
*{
  margin: 0;
  padding: 0;
  list-style: none;
  text-decoration: none;
}
/* 头部 width 设置为 100%适应屏幕宽度，使用 CSS3 的 flex 布局，flex 布局中的水平方向对齐方式，让弹性子元素平均分布，即每个项目两侧的间隔相等 */
#top{
  width: 100%;
  height: 50px;
  display: flex; /* 第（5）空 */
  align-items: center;
  justify-content:space-evenly; /* 第（6）空 */
}
.brand{font-size: 22px;}
/* 使用 CSS3 的属性选择器设置搜索框的尺寸 */
#top input[type=search]{width: 160px;} /* 第（7）空 */
.content{
  width: 90%;
  margin: 10px auto;
  padding: 5px;
  border: 1px #eeeeee solid;
  /* 边框圆角 */
  border-radius: 15px; /* 第（8）空 */
  /* 边框阴影:水平位置 垂直位置 模糊距离 阴影大小 阴影颜色 */
  border-shadow: 0px 0px 8px 0px #eeeeee; /* 第（9）空 */
}
.pic_info img{
  border-radius: 15px;
  /* 设置图片的宽度，使其适应父元素的宽度 */
  width: 100%;
}
.pic_info{
  /* 设置父元素为弹性盒模型容器 */
  display: flex;
  align-items: center;
```

```
}
.pic_box{
  /* 使用 flex 属性分配弹性子元素占有的区域大小 */
  flex: 0.7;
}
.pic_info ul{
  flex: 1;
}
/* 自定义字体 */
@font-face {
 /* 第（10）空 */
  /* 自定义字体的名字 */
  font-family: myFont;
  /* 自定义字体路径 */
  src: url（'../fonts/1.TTF'）;
}
.pic_info li{
  padding-left: 20px;
  line-height: 20px;
  font-size: 18px;
  /* 使用自定义字体 第（11）空 */
  font-family: 'myFont';
}
/* 选择器匹配父元素中的第 n 个子元素，可以为公式 */
.pic_info li:nth-child（2n-1）{
  opacity: 0.6; /* 设置背景或背景颜色，以及字体颜色的透明度 */
  color: red;
}
```

（2）实训“学院门户网站”，打开技能实训素材项目“school”。

① 新建 index.html，源代码如下：

```
<!DOCTYPE html>
<html lang="en">
<head>
    <meta charset="UTF-8">
    <meta name="viewport" content="width=device-width， initial-scale=1">
    <link rel="stylesheet" href="school.CSS">
    <title>学院门户网站</title>
</head>
```

```
<body>
    <header>
        <a href="index.html">
            <img id="img_logo" src="img/logo.jpg" alt="">
        </a>
    </header>
    <section>
        <div class="div_article">
            <img src="img/article.jpg" alt="">
            <p>我校计算机科学学院参加首届高校计算机学院院长论坛</p>
<span>6 月 1 日，“首届高校计算机学院院长论坛”在 XX 大学召开...</span>
            <br>
            <i>2025-5-20</i>
        </div>
        <div class="grad1"></div>
        <div class="div_article">
            <img src="img/article.jpg" alt="">
            <p>我校计算机科学学院参加首届高校计算机学院院长论坛</p>
<span>6 月 1 日，“首届高校计算机学院院长论坛”在 XX 大学召开...</span>
            <br>
            <i>2025-5-20</i>
        </div>
        <div class="grad1"></div>
        <div class="div_article">
            <img src="img/article.jpg" alt="">
            <p>我校计算机科学学院参加首届高校计算机学院院长论坛</p>
<span>6 月 1 日，“首届高校计算机学院院长论坛”在 XX 大学召开...</span>
            <br>
            <i>2025-5-20</i>
        </div>
        <a href="#">————更多</a>
    </section>
    <footer>
        <p>版权所有：XXXX 学院 <br>
        地址：中国 • XX • XXXXXXX</p>
    </footer>
</body>
</html>
```

② 新建 school.css 文件，源代码如下：

```
body，html{
    height: 100%;
    width: 100%;
}
header{
    height: 15%;
    width: 100%;
}
section{
    height: 75%;
    width: 90%;
}
footer{
    height: 10%;
    width: 90%;
}
@font-face {
    font-family: "myFont";
    src: url（"font/STKAITI.TTF"）；
}
#img_logo{
    width: 90%;
}
.div_article{
    width: 100%;
    margin: 10px 0px;
    border: 5px solid black;
    border-radius: 20px;
}
section img{
    float: left;
    width: 15%;
    margin-top: 13px;
}
section p{
    float: left;
    width: 80%;
```

```
}
section span{
    width: 80%;
    color: #d3d3d3;
    overflow: hidden;
    display: block;                    /*块级元素*/
    text-overflow: ellipsis;       /*文字溢出时，显示省略符号来代表被修剪的文本*/
    white-space: nowrap;              /*段落中的文本不进行换行*/
}
section a:link{
    background-color: orange;
}
section a:visited{
    color:red;
}
section a:hover{
    background-color: green;
}
.grad1{
    height: 10px;
    background:linear-gradient（to right，red，blue）;
    border-radius: 20px;
    box-shadow: 2px 5px 2px #888888;
}
footer p{
    text-shadow: 1px 1px hotpink;
}
```

### 学习资源

1．电子文档：教学 ppt“模块 4 CSS3 基础”或者教案。

2．附件资料：项目素材。

## 项目 4.2　国家安全　人人有责

### 4.2.1　项目效果

界面原始状态效果图如图 4-8 所示。

图 4-8　界面原始状态效果图

## 4.2.2　项目背景

2015 年 7 月 1 日，第十二届全国人民代表大会常务委员会第十五次会议通过《中华人民共和国国家安全法》，规定每年 4 月 15 日为全民国家安全教育日，这对全面加强国家安全教育，增强全民国家安全意识和素养，筑牢国家安全人民防线具有重要意义。

为了加强公民和组织安全意识和责任感，现需要利用 CSS3 元素制作一个主题为“国家安全　人人有责”的多媒体交互动画界面。

## 4.2.3　项目说明

（1）该界面边框要为圆角，且有阴影。

（2）根据标题“国家安全　人人有责”制作一个移动动画，当鼠标悬停在文字上时，字体变为红色，位置向右移动，并放大 1.2 倍。

（3）“国家安全”图片，当鼠标悬停在图片上时，顺时针旋转 360°，不透明度为 0.3。

（4）“人人有责”图片，当鼠标悬在图片上时，图片放大 1.2 倍，盒子阴影有相应的颜色和位置变化。

## 4.2.4　项目规划

项目 4.2 规划导图如图 4-9 所示。

图 4-9　项目 4.2 规划导图

## 4.2.5　项目实施

（1）创建一个新的项目，并将所提供的图片保存在 img 文件夹下，新建 index.html 文件，运用 section 元素和 div 布局界面，将整个界面设置成三部分即 title、photo、image。

index.html源代码如下：

```
<html>
<head>
      <meta charset="UTF-8">
      <title></title>
   </head>
   <body>
      <section>
         <div class="title">国家安全　人人有责</div>
         <div class="photo"></div>
         <div class="image"></div>
      </section>
</body>
</html>
```

（2）定义网页标题为“国家安全　人人有责”，并运用内部 CSS 盒子模型设置整体界面效果，要求如下。

① 界面长度和宽度分别为 600 px，800 px。

② 边框宽度为 2 px，颜色为黑色。边框圆角半径为 30 px。

③ 上下边界为 50 px，左右为根据内容自动调整。

④ 文字阴影效果：水平阴影、垂直阴影、模糊半径均为 5 px，阴影颜色为#5F6368。

⑤ 盒子阴影效果：水平阴影、垂直阴影、模糊半径、扩展半径均为 10 px，阴影颜色为#5F6368。

⑥ 视距为 1000 px，不符合元素框的内容进行隐藏。

源代码如下：

```
<html>
<head>
      <title>国家安全　人人有责</title>
      <meta charset="UTF-8">
      <style type="text/CSS">
```

```
        section{
            width:600px;
            height:800px;
            border:2px solid #000000;
            margin:50px auto;
            border-radius:30px;
            text-shadow:5px 5px 5px #5F6368;
            box-shadow:10px 10px 10px 10px #5F6368;
            perspective: 1000px;
            overflow: hidden;
        }
</style>
  </head>
  <body>
    <section>
        <div class="title">国家安全  人人有责</div>
        <div class="photo"></div>
        <div class="image"></div>
     </section>
</body>
</html>
```

（3）定义标题（title）样式及变形效果，要求如下。

① 字体大小为 30 px，行高为 100 px。

② 字体加粗，并水平居中。

③ 所有属性平滑过渡，过渡时间延续 2 s，速率逐渐变慢。

④ 当鼠标指向标题时，字体变成红色，并向右移动 150 px，字体放大 1.2 倍。

源代码如下：

```
   .title{
          font-size:30px;
          line-height:100px;
          font-weight:bold;
          text-align: center;
          transition:all 2s ease ;
       }
  .title:hover{
       color: red;
       transform: translate（150px） scale（1.2，1.2）;
  }
```

（4）定义 photo 样式及变形效果，要求如下。

① 图片大小为 300 px×300 px。

② 背景图片为“img”文件夹下的 421.png，并水平居中。

③ 背景图片放大到适合元素容器的尺寸，图片比例不变。

④ 上下边界为 30 px，左右为根据内容自动调整，透明度为完全可见。

⑤ 盒子阴影效果：水平阴影、垂直阴影、模糊半径均为 5 px，阴影颜色为#f00。

⑥ 边框圆角半径为 50%，过渡时间延续 5 s。

⑦ 当鼠标指向 photo 时，透明度为 0.3，并顺时针旋转 360°。

源代码如下：

```
.photo{
        width:300px;
        height:300px;
        background-image:url（"img/421.png"）;
        background-position:center;
        background-size:cover;
        margin:30px auto;
        opacity: 1;
        box-shadow:5px 5px 5px #f00;
        border-radius:50%;
         transition:   5s ;
  }
.photo:hover{
        opacity: 0.3;
        transform: rotate（360deg）;
```

（5）定义 image 样式及变形效果，要求如下。

① 图片宽度为 450 px，高度为 300 px。

② 背景图片为“img”文件夹下的 422.png，并水平居中。

③ 背景图片放大到适合元素容器的尺寸，图片比例不变。

④ 上下边界为 30 px，左右为根据内容自动调整，透明度为完全可见。

⑤ 盒子阴影效果：水平阴影、垂直阴影、模糊半径均为 5 px，阴影颜色为#00f。

⑥ 边框圆角半径为 30 px。

⑦ 所有属性平滑过渡，过渡时间延续 3 s，速率逐渐加速。

⑧ 当鼠标指向 image 时，透明度为 0.3，并顺时针旋转 360°。

源代码如下：

```
.image{
        width:450px;
        height:300px;
        border-radius:30px;
```

```
        background-image:url（"img/422.png"）;
        background-size:cover;
        background-position:center;
        margin:30px auto;
        box-shadow:5px 5px 5px #00f ;
        transition:all 3s ease-in ;
      }
.image:hover{
      transform: scale（1.2，1.2）  ;
      box-shadow:5px 5px 5px #0f0 inset，5px 5px 5px #f00 ;
  }
```

### 4.2.6　项目拓展

CSS3 除了支持变形、过渡效果外，还可以实现强大的帧动画效果，请同学们完成帧动画效果设置。

### 4.2.7　知识储备

#### 1. CSS3 变形属性

CSS3 中的 2D 和 3D 变形，包括 translate、scale、rotate、skew 等方法，以及 3D 变形的 rotateX、rotateY、rotateZ 和透视效果。介绍如何调整元素的位置、大小、角度，以及创建 3D 效果，CSS3 的动画功能则是和位移、旋转、缩放、倾斜 4 种几何变换操作相结合，从而产生平滑的动画效果。

transform 属性的语法格式如下：

```
transform: none|transform-function;/*transform-function
```

transform 属性如表 4-1 所示。

**表 4-1　transform 属性**

| 属性值 | 说明 |
|---|---|
| none | 默认值，不变形 |
| Matrix() | 矩形变换，即基于 X 和 Y 坐标重新定位元素位置 |
| translate() | 移动元素对象，即基于 X 和 Y 坐标重新定位元素 |
| scale() | 缩放元素对象，可以使任意元素对象的尺寸发生变化 |
| rotate() | 旋转元素对象，取值为一个度数值 |
| skew() | 倾斜元素对象，取值为一个度数值 |

1）transform 2D 变形

① 移动 translate(x,y)：将文字或图片元素在水平和垂直方向移动 x，y 像素。

示例代码：

```
transform:translate(50px, 50px);
```

② 旋转 rotate（angle）：对元素顺时针旋转 angle 角度，angle 的单位通常为 deg。

示例代码：

```
transform:rotate(240deg);
```

③ 缩放 scale（x，y）：对元素进行水平和垂直方向的缩放。

示例代码：

```
transform:scale(0. 8, 1);
```

④ 倾斜 skew（angleX，angleY）：元素沿着 X 轴倾斜 angleX 角度，沿着 Y 轴方向倾斜 angleY 角度，其中 angleY 可以省略，表示 Y 轴方向不倾斜。

示例代码：

```
transform: skew(30deg, 0deg);
```

2）transform-origin 变换原点

可以调整元素转换变形的中心点，默认值为 50%与 50%。第一个值表示元素旋转中心点的水平位置，它还可以赋值left、right、center、长度、百分比。第二个值表示元素旋转中心点的垂直位置，它还可以赋值top、bottom、center、长度、百分比。

3）transform 3D 变形

① X轴旋转rotateX( )：沿着X轴立体旋转。

② Y轴旋转rotateY( )：沿着Y轴立体旋转。

③ Z轴旋转rotateZ( )：沿着Z轴立体旋转。

④ 透视perspective：视距，表示视点距离屏幕的长短；透视可以将一个 2D平面，在转换的过程当中，呈现 3D效果；透视原理为近大远小。

## 2. CSS3 的过渡属性

CSS3 增加了一些过渡属性，通过 CSS3 可以在不使用 flash 动画或 JavaScript 的情况下，使元素从一种样式变换为另一种样式时添加过渡效果。

CSS3 过渡就是元素从一种样式逐渐改变为另一种的效果，需要确定两点：需要添加效果的 CSS 属性、效果的时长。过渡有四个属性：transition-property、transition-duration、transition-timing-function、transition-delay。要产生过渡效果必须设置两个参数：过渡效果应用的 CSS 属性名称、过渡效果时间，其余两个参数可省略，采用默认值。transition 属性如表 4-2 所示。

**表 4-2　transition 属性**

| 属 性 | 属性值 | 说明 |
|---|---|---|
| transition-property | none \| all \| property | 指定应用过渡效果的 CSS 属性名称 |
| transition-duration | 单位为秒/s 或毫秒/ms 的时间值 | 定义过渡效果花费的时间，默认值为 0 |
| transition-timing-function | linear \| ease in\|ease out\|ease-in-out\|cubic-bezier（x1，y1，x2，y2） | 设置过渡方式，默认值为 ease |
| transition-delay | 单位为秒/s 或毫秒/ms 的时间值 | 设置动画过渡的延迟时间，默认值为 0 |

1）transiton-property

设置对元素的哪个 CSS 属性进行过渡动画效果处理，默认值为 all（所有元素都会获得过渡动画效果），还可以设置为 none（没有元素可以获得动画效果）和一些 CSS 标准属性（如 width、background-color 等）。

2）transition-duration

设置过渡动画效果持续的时间，单位通常为秒或毫秒。该属性如果不设置或设置为 0，则不会产生过渡动画效果。

3）transition-timing-function

设置过渡动画的时间曲线：ease（慢速开始然后变快，最后慢速结束的过渡效果）；linear（以相同速度开始至结束的过渡效果）；ease-in（以慢速开始的过渡效果）；ease-out（以慢速结束的过渡效果）；ease-in-out（以慢速开始和结束的过渡效果）；cubic-bezier（x1，y1，x2，y2）通过贝济埃曲线控制动画的速度，x 的取值区间是[0，1]，取值超过该区间则无效，y 的取值没有限制，但不应该超出[0，1]范围太大。

**3. 帧动画效果**

CSS3 除了支持变形、过渡效果以外，还可以实现强大的帧动画效果。在 CSS3 中，使用 animation 属性定义帧动画。

1）设置关键帧

CSS3 使用@keyframes 定义关键帧。其基本语法格式如下：

```
@keyframes animation-name{
    keyframes-selector{
        CSS-style;
    }
}
```

其取值说明如下。

animation-name：定义动画的名称。

keyframes-selector：定义关键帧的时间位置，即动画时长的百分比，有效值包括 0%～100%、from（等同于 0%）、to（等同于 100%）。

Css-style：表示一个或多个 CSS 样式属性。

2）设置动画参数

animation 属性具有多个参数，每个参数对应一个子属性。animation 属性包括 8 个参数，对应 8 个子属性。如果要实现动画效果，animation 属性第 1 个和第 2 个参数必须指定，其余参数均可省略后采用默认值。动画 animation 参数如表 4-3 所示。

**表 4-3　动画 animation 参数**

| 属　性 | 属性值 | 说明 |
|---|---|---|
| animation-name | none \| keyframesname | 定义@keyframes 动画名称 |
| animation-duration | 单位为秒/s 或毫秒/ms 的时间值 | 定义完成动画效果需要的时间，默认值为 0 |

续表

| 属 性 | 属性值 | 说明 |
| --- | --- | --- |
| animation-timing-function | linear\|ease\|ease in\|ease out\|ease-in-out\|cubic-bezier（x1，y1，x2，y2） | 设置执行动画的效果类型，默认值为 ease |
| animation-delay | 单位为秒/s 或毫秒/ms 的时间值 | 设置执行动画效果的延迟时间，默认值为 0 |
| animation-iteration-count | number（具体次数）\|infinite（循环播放） | 定义动画播放的次数，默认值为 1 |
| animation-direction | normal（正常播放）\|altermate（奇数次正常播放，偶数次逆向播放） | 定义当前动画播放的方向，即动画播放完成后是否逆向交替循环，默认值为 normal |
| animation-play-state | paused（暂停）\|running（播放） | 定义播放状态，默认值为 running |
| animation-fill-mode | none（不设状态）\|<br>forward（结束时的状态）\|<br>backward（开始时的状态）\|<br>both（动画结束或开始时的状态） | 定义播放状态 |

### 4. CSS3 新增多列属性

（1）column-count：设置列数。

（2）column-width：设置列的宽度。

（3）column：设置列宽和列数。

（4）column-gap：设置列之间的间隔。

（5）column-span：设置元素应该横跨的列数。

（6）column-rule-style：设置列之间间隔的样式。

（7）column-rule-color：设置列之间间隔的颜色。

（8）column-rule-width：设置列之间间隔的宽度。

（9）column-rule：style color width 综合设置。

### 5. 弹性布局

（1）flex-direction：row，row-reverse，column，column-reverse：设置主轴方向。

（2）flex-wrap：wrap：换行。

（3）flex-flow：row nowrap：设置主轴水平方向不换行。

（4）justify-content：设置在主轴上的对齐方式，共有 6 种，具体如下。

① flex-start：左对齐。

② flex-end：右对齐。

③ center：居中。

④ space-between：两端对齐。

⑤ space-around：均匀排列每个元素，每个元素周围分配相同的空间。

⑥ space-evenly：各项目两侧平均间隔。

（5）align-self：单个项目在交叉轴上的对齐方式，共有 4 种，具体如下。

① flex-start：与交叉轴的起始线对齐。

② center：与交叉轴的中间线对齐。

③ stretch：元素被拉伸以适应容器。

④ baseline：和基线对齐，用的情况较少。

（6）align-items：单行交叉轴项目对齐方式，共有 3 种，具体如下。

① flex-start：默认是从交叉轴的起始线开始排列，对齐到起始线。

② flex-end：对齐到终止线。

③ center：对齐到主轴的中间线，居中对齐。

（7）align-content：多行容器中，所有项目在交叉轴上的对齐方式，共有 7 种，具体如下。

① stretch：项目拉伸占据整个交叉轴。

② flex-start：所有项目与交叉轴起始线顶部对齐。

③ flex-end：所有项目与交叉轴中止线对齐。

④ center：所有项目与交叉轴中间线对齐，居中对齐。

⑤ space-between：两端对齐，剩余空间在头尾外的项目间平均分配。

⑥ space-around：分散对齐，剩余空间在每个项目两侧平均分配。

⑦ space-evenly：平均对齐，剩余空间在每个项目之间平均分配。

（8）order 顺序。

代码如下：

```
order:number|initial|inherit;
```

具体参数说明如下。

① number：默认值是 0：规定灵活项目的顺序，数字越小，越在前。

② initial：设置该属性为它的默认值。

③ inherit：从父元素继承该属性。

（9）缩放比例。

① flex-grow：放大比例。

② flex-skrink：缩小比例。

## 职业技能等级考证提要

1. 能够使用 CSS3 动画、过渡等完成网页动态效果。
2. 能够使用 2D、3D 转换完成网页元素的旋转、平移、缩放和倾斜效果。

## 职业技能训练

### 1. 判断题

（1）CSS3 中让一个元素按规定的动画执行，要使用 keyframes 规则。（ ）

（2）如果要实现动画效果 animation 属性，第 1 个和第 2 个参数必须指定，其余参数均可省略后采用默认值。（ ）

### 2. 技能实训题

在某界面中实现了天气预报界面，界面中包括今天、明天、后天，这 3 天的天气预报图文信息，界面效果图，如图 4-10 所示。项目名称为“weather”，包含首页 index.html。

具体要求：“天气图标”边框要为圆角，3 个“天气图标”中“今天”的图标背景颜色为半透明。“今天”图标中的太阳图片做一个旋转的动画，当鼠标悬停在太阳图片上时启动动画，动画顺时针旋转 360 度。

图 4-10　天气预报界面效果图

## 职业技能训练答案

### 1. 判断题

（1）√　　（2）√

### 2. 技能实训题

实训“天气预报”，打开技能实训素材文件夹项目“weather”，新建文件 index. html。

源代码如下：

```
<!DOCTYPE html>
<html lang="en">
<head>
    <meta charset="UTF-8">
    <title>天气预报</title>
    <style>
        div{
            font-size: 17px;
        }
        @font-face {
            font-family: CSS3font;
            src: url（"fonts/zcool.ttf"）;
            }
        ul{
            padding: 0;
        }
        ul li{
            list-style: none;
            margin: 0;
            padding: 0;
            border:1px solid #d4d4d4;
```

```
          text-align: center;
          border-radius: 20px;
          font-family: CSS3font;
              flex-grow: 1;
      }
      @keyframes anima{
          from{
                  transform: rotate（0deg）;
          }
          to{
                  transform: rotate（360deg）;
          }
          }
          li:first-child{
          background-color: rgba（199，166，4，0.1）;
      }
      li:first-child img:hover{
          animation-name: anima;
          animation-duration: 10S;
          animation-iteration-count: infinite;
      }
      ul{
          display: flex;
      }
      #news{
          text-align: center;
          column-count: 3;
          column-gap: 30px;
              column-rule:1px outset silver;
      }
    </style>
</head>
<body>
    <div>
        <ul>
            <li>
                <p>今天</p>
                <img src="img/weather1.png" alt="">
                <p>晴天</p>
```

```
            </li>
            <li>
                <p>今天</p>
                <img src="img/weather2.png" alt="">
                <p>阴天</p>
            </li>
            <li>
                <p>今天</p>
                <img src="img/weather3.png" alt="">
                <p>小雨</p>
            </li>
        </ul>
    </div>
    <div id="news">
        <div>今天天气晴<br/>气温 35° <br/>出门注意防晒<br/></div>
        <div>明天阴天<br/>气温 28° <br/>适合室外活动<br/></div>
        <div>后天小雨<br/>气温 27° <br/>出门记得带伞<br/></div>
    </div>
</body>
</html>
```

## 学习资源

1．电子文档：教学 ppt“模块 4 CSS3 基础”或者教案。

2．附件资料：项目素材。

# 第3篇

# JavaScript 程序设计

## 模块 5 JavaScript 语法基础

### 知识目标

1. 掌握 JavaScript 基础语法和程序结构。
2. 掌握 JavaScript 函数的定义和使用。
3. 掌握 JavaScript 数组的定义和使用。
4. 掌握 JavaScript 面向对象的定义和使用。
5. 掌握 JavaScript 事件的定义和使用。

### 技能目标

1. 熟练使用 JavaScript 进行 DOM 操作。
2. 综合应用 JavaScript 编程技术。

### 素养目标

1. 网页计算器的设计，运用了 JavaScript 的基础语法、函数、数组、面向对象、事件和 DOM 操作，其能够帮助学生综合应用 JavaScript 编程技术。

2. 培养学生的专业精神、行业精神和创新意识，提高学生的创新能力。

# 项目 5.1　网页计算器

## 5.1.1　项目效果

网页计算器如图 5-1 所示。

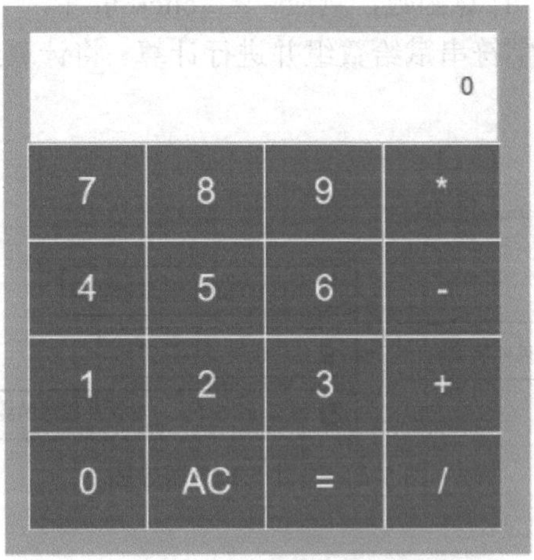


图 5-1　网页计算器

## 5.1.2　项目背景

1642 年，未满 19 岁的布莱士·帕斯卡为帮助父亲减轻税务上的重复计算，制造出一台可以进行加减法的计算器，这是第一台真正意义上的机械计算器。

1967 年世界上第一个电子手持计算器诞生，可以执行加减乘除操作，它有 18 个键，可以显示 12 位数字。

随着技术的进步和持续创新，计算器在准确性、多样性、精度性上的提升，为生活带来了巨大的便利。制作网页计算器能够帮助学生综合应用 JavaScript 编程技术，培养个人创新意识。

## 5.1.3　项目说明

（1）运用 HTML 和 CSS 布局网页计算器的界面。计算器界面包含数字按键、运算符按键和清空按键，以及计算区域输出文本框，并设置计算区域输出文本框为不可编辑。

（2）创建 JavaScript 文件：index.js。

① 在 index.js 文件中创建 1 个 calculator 的对象，并定义 1 个 number 数组和 4 个计算函数。

② number 数组：存储输入的数字和运算符。

③ numberClick：输入数字函数，应用到“0～9”数字；通过数字按键得到输入的数字，并显示到计算区域输出文本框。

④ operatorClick：输入运算函数，应用“*、–、+、/”运算符；通过运算符按键得到输入的运算符，并显示到计算区域输出文本框。

⑤ equalClick：应用到“=”，获取计算区域输出文本框数字和运算符，解析后保存到“number 数组”，计算并显示结果。

⑥ cleanClick：应用到“AC”，清空数据。

（3）为每个按键的<input>标签绑定 click 事件。

输入数字和运算符，每次 click 事件，都更新计算区域输出文本框，将输入的内容添加到计算区域输出文本框中。

（4）编写 equalClick（）计算函数，响应“=”click 事件。

获取显示框字符串，将字符串赋给数组并进行计算。将计算结果显示在 input 显示框上。

### 5.1.4　项目规划

项目 5.1 规划导图如图 5-2 所示。

图 5-2　项目 5.1 规划导图

### 5.1.5　项目实施

#### 1. 新建 HTML，计算器布局

（1）创建计算器界面，命名为 calculator.html，源代码如下：

```
<html lang="en">
<head>
    <meta charset="UTF-8">
    <title>计算器</title>
    <link rel="stylesheet" href="calculator.css">
    <script src="calculator.js"></script>
</head>
<body>
```

（2）按照计算器样式添加<input>进行按键布局，添加数字输入区域和文本框，文本框 id 属性为 output，class 属性为 output，设置文本框属性不可编辑，源代码如下：

```
<div class="calculator">
        <div>
         <input type="text" class="output" value="0" id="output" disabled="disabled">
        </div>
```

（3）加入数字按键、归零（AC）和“=”按键，源代码如下：

```
            <div class="number">
                <input type="button" value="7" onclick="numberClick（value）">
                <input type="button" value="8" onclick="numberClick（value）">
```

```
            <input type="button" value="9" onclick="numberClick（value）">
            <input type="button" value="4" onclick="numberClick（value）">
            <input type="button" value="5" onclick="numberClick（value）">
            <input type="button" value="6" onclick="numberClick（value）">
            <input type="button" value="1" onclick="numberClick（value）">
            <input type="button" value="2" onclick="numberClick（value）">
            <input type="button" value="3" onclick="numberClick（value）">
            <input type="button" value="0" onclick="numberClick（value）">
            <input type="button" value="AC" onclick="cleanClick（）">
            <input type="button" value="=" onclick="equalClick（）">
        </div>
```

（4）加入运算符按键，源代码如下：

```
        <div class="operators">
            <input type="button" value="×" onclick="operatorClick（value）">
            <input type="button" value="-" onclick="operatorClick（value）">
            <input type="button" value="+" onclick="operatorClick（value）">
            <input type="button" value="÷" onclick="operatorClick（value）">
        </div>
    </div>
</body>
</html>
```

2. CSS 布局及标签美化

（1）设置计算区域的宽度、边框、背景色、内外边距，源代码如下：

```
.calculator{
    width: 405px;
    border: solid 1px white;
    background: burlywood;
    margin: 50px;
    padding: 20px;
}
```

（2）设置文本框宽度和高度、边距、字体大小。文本对齐，背景颜色，源代码如下：

```
.output{
    width: 356px;
    height: 50px;
    padding: 20px;
    font-size: 20px;
    text-align: right;
    background: white;
}
```

（3）设置输出按键的样式，源代码如下：

```
input[type=button]{
    border: solid 1px white;
    width: 100px;
    height: 80px;
    background: grey;
    cursor: pointer;        /*光标形状：手型*/
    color: white;
    font-size: 30px;
}
```

（4）设置数字按键的布局，包括清除按钮和“=”号，源代码如下：

```
.number{
    width: 300px;
    display: inline-flex;
    flex-wrap: wrap;
}
```

（5）设置符号按键的布局，源代码如下：

```
.operators{
    width: 100px;
    position: relative;
    left: -4px;
    display: inline-flex;
    flex-wrap: wrap;
}
```

**3. 编写 JavaScript、对象及事件的应用**

（1）导入 js 文件，源代码如下：

```
<head>
  <script type="text/JavaScript" src="index.js"></script>
</head>
```

（2）数字按键单击事件调用方法，源代码如下：

```
function numberClick（value）{
var val=document.getElementById（"output"）.value;
// 显示框为 0 时，输入 0 无效
if（value == "0" && val == "0"） {
    return;
}
if（val=='0'）{
    //如果输入框是 0 的话，则显示输入的值，否则就在原来的值上拼接显示
    document.getElementById（'output'）.value=value;
```

```
}else{
    document.getElementById（'output'）.value=val+value;
}
}
```

（3）运算符按键单击事件调用方法，源代码如下：

```
function operatorClick（value） {
var val=document.getElementById（'output'）.value;
//不能连续输入计算符
if（val[val.length-1]==" "）{
    return;
}
document.getElementById（'output'）.value=val+" "+value+" ";
}
```

（4）计算方法，源代码如下：

```
function equalClick() {
    // 获取输入值并按空格分割
    let opt = document.getElementById('output').value.split(' ');
    // 定义一个函数来执行运算
    function calculateOperator(operator, a, b) {
        switch (operator) {
            case '*':
                return a * b;
            case '/':
                return a / b;
            case '+':
                return a + b;
            case '-':
                return a - b;
            default:
                return NaN;
        }
    }
    // 先处理乘除运算
    let index = 0;
    while (index < opt.length) {
        if (opt[index] === '*' || opt[index] === '/') {
            // 检查是否有足够的操作数
            if (index + 1 >= opt.length) {
                opt[index + 1] = 1; // 默认值为 1
```

```
                    }
                    // 执行运算
                    opt[index - 1] = calculateOperator(opt[index], parseFloat(opt[index - 1]),
parseFloat(opt[index + 1]));
                    // 删除已计算的元素
                    opt.splice(index, 2);
                    // 重新调整索引
                    index--;
                } else {
                    index++;
                }
            }
            // 再处理加减运算
            index = 0;
            while (index < opt.length) {
                if (opt[index] === '+' || opt[index] === '-') {
                    // 检查是否有足够的操作数
                    if (index + 1 >= opt.length) {
                        opt[index + 1] = 0; // 默认值为 0
                    }
                    // 执行运算
                    opt[index - 1] = calculateOperator(opt[index], parseFloat(opt[index - 1]),
parseFloat(opt[index + 1]));
                    // 删除已计算的元素
                    opt.splice(index, 2);
                    // 重新调整索引
                    index--;
                } else {
                    index++;
                }
            }
            // 将结果输出到输入框
            document.getElementById('output').value = opt[0];
    }
```

（5）清空 AC 按钮事件，源代码如下：

```
    function cleanClick（）{
    document.getElementById（'output'）.value=0;
    }
```

### 5.1.6　项目拓展

计算器的文本框可以手动输入运算表达式，具体代码如下：

```
<input class="output" id="iputnum" onblur='fn（0）'></input>
```

### 5.1.7　知识储备

1．JavaScript 概述

JavaScript 是 Web 开发领域中的一种功能强大的编程语言，主要用于开发交互式的 Web 界面。在 1995 年，网景公司（Netscape）的布兰登艾奇在网景导航者浏览器上首次设计出了 JavaScript。

JavaScript 是一种脚本语言，HTML、CSS 和 JavaScript 分别代表了结构、样式和行为。结构是网页的框架，样式是网页的外观，行为是网页的交互逻辑。该语言可以跨平台，支持面向对象，可以使 JavaScript 开发变得便捷和高效、并降低了开发成本。

JavaScript 是由 ECMAScript、DOM、BOM 三部分组成。

（1）ECMAScript：ECMAScript 是 JavaScript 的核心，它规定了 JavaScrip 的编程语法和基础核心内容，其是所有浏览器厂商共同遵守的一套 JavaScrip 语法工业标准。

（2）DOM：文档对象模型，是 W3C 组织推荐的处理可扩展标记语言的标准编程接口，通过 DOM 提供的接口，可以对界面上的元素进行操作（如大小、位置、颜色等）。

（3）BOM：浏览器对象模型，通过 BOM，可以对浏览器窗口进行操作（如弹出框、控制浏览器导航跳转等）。

2．JavaScript 引入方式

（1）行内式。

示例代码：

```
<button  onclick="alert('happy');" value="开始">
```

示例代码：

```
<a href="JavaScript:alert('happy');">开始</a>
```

（2）嵌入式。

示例代码：

```
<script>JavaScript 语句</script>
```

（3）外链式。

示例代码：

```
<script type="text/JavaScript"  src="js 文件路径" ></script>
```

3．JavaScript 基础

JavaScript 语句从上至下，区分大小写字母。

（1）注释语句。

① 单行注释://。

② 多行注释:/* */。

（2）JavaScript 常用输入输出语句。

① alert（“警告信息”）：弹出警告框。

② console.log（'msg'）：浏览器控制台输出内容。

③ prompt（'提示信息'）：浏览器弹出输入框，用户可以输入内容。

④ document.write（　　）：界面中输出内容。

（3）JavaScript 数据类型。

① 数值型。

② 字符串型。

③ 布尔型。

④ 空型。

⑤ 未定义型，声明未初始化。

⑥ 类型转换：Number（变量）、parseFloat（变量）、parseInt（变量）、String（变量）、Boolean（变量）。

**4. 数据基本操作**

（1）算术运算：+、—、*、/、%取余。

（2）赋值：=、+=、—=、*=、/=。

（3）比较：>、>=、<、<=、!=、= =值等于、= = =值和类型。

（4）逻辑：&&与、||或、! 非。

（5）字符串运算符：+。

**5. 分支语句**

（1）if 条件语句。

语法：

```
if（条件 1）{
} else if（条件 2）{
} else{    }
```

（2）switch 语句。

语法：

```
switch（n）{
case 1:语句  break;
case 2:语句  break;
default:
}
```

**6. 循环语句**

（1）for 语句，语法如下：

```
for（var i=初值;语句 2;语句 3）{代码块}
```

（2）for in 语句，语法如下：

```
for（键  in  对象）{代码块}
```

（3）while 循环，语法如下：

```
while（表达式）{代码块}
```

（4）do while 语句，语法如下：

```
do{代码块  }while（表达式）
```

**7. 数组**

1）定义数组

① var 数组名=new Array（n）。

② var 数组名=new Array（“值 1”，“值 2”，…）。

③ var 数组名=[“值 1”，“值 2”，…]。

2）数组操作

① 添加元素：数组下标赋值，数组名.push（“值”）。

② 遍历数组：数组名.length; for（key in 数组名）。

③ 删除元素：删除数组元素。

a. 数组名.pop（　　）：从尾部删除元素。

b. 数组名.shift（　　）：从头部删除元素。

c. 数组名.splice（索引位置，删除个数）。

④ 插入元素：插入元素到数组。

a. 数组名.unshift（元素）。

b. 数组名.splice（索引位置，0，“值 1”，…）。

⑤ 合并数组。

⑥ 数组转字符串：数组名.join（“|”）。

⑦ 数组元素倒序：数组名.reverse（　　）。

⑧ 数组元素排序：数组名.sort（　　）。

⑨ 数组 1.concat（数组 1，数组 2，…）。

## 职业技能等级考证提要

1．能够在网页中正确引入 JavaScript 脚本。

2．能够使用 JavaScript 基本语法、编码规范、数据类型、变量、运算符、流程控制语句等编写 JavaScript 程序。

3．能够使用 JavaScript 函数完成代码的封装和复用。

4．能够使用 JavaScript 中的数组进行数据的存取操作。

5．能够使用浏览器控制台调试 JavaScript 程序。

## 职业技能训练

**1. 单项选择题**

（1）下面哪个 for 循环是正确的？（　　）

A. for（i = 0; i <= 5）　　B. B. for（i = 0; i <= 5; i++）

C. for（i <= 5; i++）　　D. for i = 1 to 5

（2）在 JavaScript 中，执行下面的代码后，str2 的值是（　　）。

var str1 = "Hello JavaScript";var str2 = str1.substring（6，10）；

A. JavaScript　　B. JavaS　　C. avaS　　D. Java

（3）下面的代码会输出什么？（　　）

var student = new Array（"小明"）;student.push（"小红"）;student.push（"小芳"）;student.pop（）;console.log（student[2]）;

A. 小芳　　B. 报错　　C. 小红　　D. undefined

（4）下面代码输出正确的是（　　）。

```
<script type="text/JavaScript">
var money = 300;
var total = money * 0.8;
money = money >= 500 ? total : money;
console.log（money）;
</script>
```

A. 8　　B. 300　　C. 240　　D. 500

（5）可以在下列哪个 HTML 元素中放置 JavaScript 代码？（　　）

A. <scripting>　　B. <JavaScript>　　C. <js>　　D. <script>

（6）在 JavaScript 中，声明一个整数类型的变量 num，以下哪个语句能实现？（　　）

A. var num;　　B. number num;　　C. Integer num;　　D. int num;

（7）以下哪项不属于 JavaScript 的特征？（　　）

A. JavaScript 代码需要编译以后才能执行

B. JavaScript 是独立于平台的

C. JavaScript 是一种脚本语言

D. JavaScript 是事件驱动的

（8）如何在警告框中写入“Hello World”？（　　）

A. alertBox="Hello World"　　B. alert（"Hello World"）

C. msgBox（"Hello World"）　　D. alertBox（"Hello World"）

（9）向界面输出“Hello World”的正确 JavaScript 语法是（　　）。

A. "Hello World"　　B. （"Hello World"）

C. response.write（"Hello World"）　　D. document.write（"Hello World"）

（10）在 JavaScript 语法中，下列说法正确的是（　　）。

A. parseInt（43.62），返回值为 44

B. parseInt（"abc43"），返回值为 NaN

C. parseFloat（"43.13abc"），返回值为 NaN

D. isNaN（"hello"），返回值为 false

（11）在 JavaScript 中 console.log（"15">"7"）的运行结果正确的是（　　）。

A. FALSE　　B. TRUE　　C. 15　　D. 7

（12）如何编写当 i 等于 5 时执行某些语句的条件语句？（　　）

A. if i=5 then　　B. if i=5　　C. if（i==5）　　D. if i==5 then

（13）下列哪种方式可以把信息输出到浏览器控制台？（　　）

A. innerHTML　　B. console.log（）　　C. document.write（）　　D. alert（）

（14）引用名为“abc.js”的外部脚本的正确语法是（　　）。

A. <script src="abc.js">　　B. <script name="abc.js">

C.　<script href="abc.js">

（15）下列语句不属于 JavaScript 循环语句的是（　　）。

A.　for in　　B. do while　　C. switch　　D. for

**2. 多选题**

（1）下面关于 JavaScript 理解不正确的是：（　　）

A. document.write（）向文档中写入内容，可以写在函数体内

B. JavaScript 是由核心语法，五大核心对象，DOM，BOM 组成

C. alert（），confirm（），info（），item（）都为系统函数

D. JavaScript 中输出在控制台是 out.print

（2）以下哪些是 JavaScript 的数据类型？（　　）

A. String　　B. Undefined　　C. Number　　D. Varchar

（3）除了一些常规的运算符之外，JavaScript 还提供了一些特殊的运算符。下面属于 JavaScript 特殊运算符的是：（　　）

A. typeof　　B. delete　　C. void　　D. size

（4）以下程序片段依次输出正确的是：（　　）

```
var str = "32px";
var str1 = str.slice（-2）;
alert（str）;
alert（str1）;
```

A. 32　　B. undefined　　C. 32px　　D. px

（5）下列关于获取界面元素说法不正确的是（　　）。

A. document.getElementsById（"#na"）是通过 id 属性值为 na 获取界面中一个元素

B. document.getElementsByName（"na"）是通过 name 属性值为 na 获取界面中的一个元素

C. document.getElementsByTagName（"div"）是通过标签名获取所有 div;

D. document.getElementById（'a'）是通过 id 值为 a 获取界面中的一个元素

**3. 判断题**

（1）定义了一个变量，但没有为该变量赋值，如果 alert 该变量，JavaScript 弹出的对话框中显示 undefined。（　　）

（2）通过代码 var timer = setInterval（1000，function（）{}）创建定时器。（　　）

（3）在 JavaScript 中，Date 对象的 getYear（）方法总是返回四位的年份。（　　）

（4）JavaScript 中输出在控制台是 out.print。（　　）

**4. 技能实训题**

在某界面中实现了一个简易的网页计算器，如图 5-3 所示。项目名称为“compute”，包含首页 index.html、js 文件夹，其中 js 文件夹包含 index.js 文件。

具体要求：需要计算的两个数必须是数字，否则提示“请输入数字”，网页计算器 index.html 界面提示效果如图 5-4 所示。

点击“相加、相减、相乘和相除”四个按钮，可以进行计算，网页计算器 index.html 界面计算效果如图 5-5 所示。

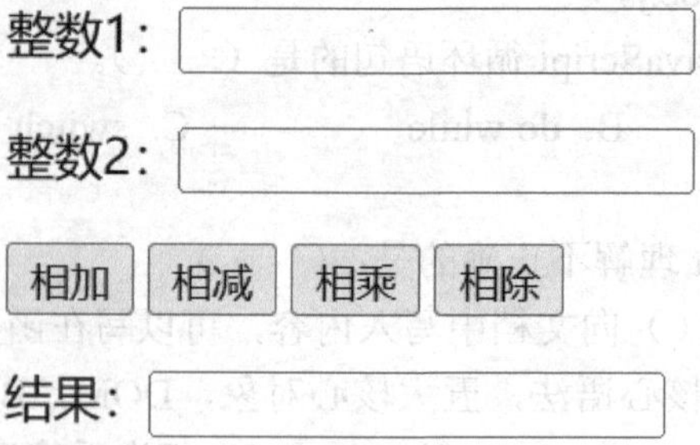


图 5-3　网页计算器 index.html 界面效果

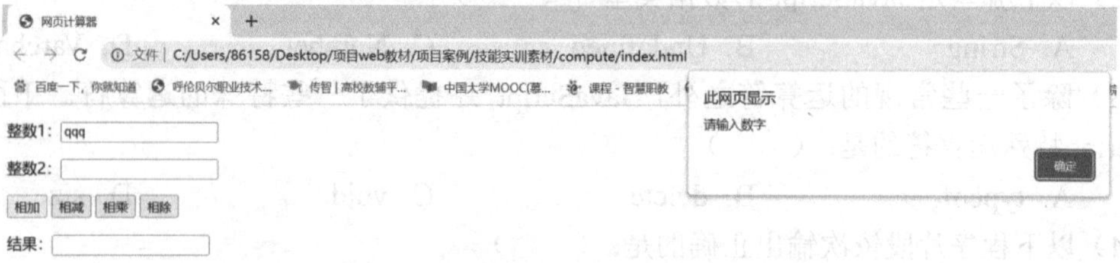


图 5-4　网页计算器 index.html 界面提示效果

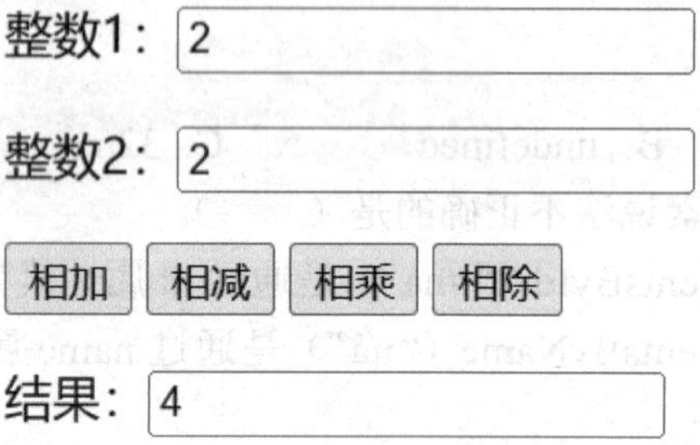


图 5-5　网页计算器 index.html 界面计算效果

## 职业技能训练答案

**1. 单项选择题**

（1）B　（2）B　（3）D　（4）B　（5）D　（6）A　（7）A　（8）B
（9）D　（10）B　（11）A　（12）D　（13）B　（14）A　（15）C

**2. 多项选择题**

（1）ACD　（2）ABC　（3）ABC　（4）CD　（5）ABD

**3. 判断题**

（1）√　（2）×　（3）×　（4）×

**4. 技能训练题**

实训“简易网页计算器”，打开技能实训素材项目“compute”，新建 index. html 文件，源代码如下：

```
<!DOCTYPE html>
<html>
  <head>
    <meta charset="UTF-8">
    <title>网页计算器</title>
    <script    src="js/index.js" type="text/JavaScript" charset="utf-8"></script>
  </head>
  <body>
    <p>整数 1：<input     id="num1" type="text"></p>
    <p>整数 2：<input    id="num2" type="text"></p>
    <p>
      <input type="button" value="相加"  onclick="calc（add）">
      <input type="button" value="相减"  onclick="calc（sub）">
      <input type="button" value="相乘"  onclick="calc（mul）">
      <input type="button" value="相除"  onclick="calc（div）">
    </p>
<p>结果：<input   id="result" type="text" readonly></p>
  </body>
</html>
```

新建 index. js，源代码如下：

```
function calc（func） {
var result = document.getElementById（'result'）; /*通过 id 获取存放结果的 DOM 元素*/
  var num1 = parseInt（document.getElementById（'num1'）.value）;/*将字符串转换成数字*/
  var num2 = parseInt（document.getElementById（'num2'）.value）;/*将字符串转换成数字*/
      if（isNaN（num1）||isNaN（num2）） {  /*判断两个数是否都是数字*/
          alert（'请输入数字'）;
        return   false;  /*返回布尔值*/
        }
        result.value = func（num1，num2）;
      }
      function add（num1，  num2） {    // 加法
        return num1 + num2;
      }
      function sub（num1，  num2） {    // 减法
        return num1 - num2;
      }
      function mul（num1，  num2） {    // 乘法
        return num1 * num2;
      }
```

```
function div（num1，  num2） {     // 除法
  if（num2 === 0） {
    alert（'除数不能为 0'）;
    return '';
  }
  return num1 / num2;
}
```

## 学习资源

1．电子文档：教学 ppt“模块 5 JavaScript 语法基础”或者教案。
2．附件资料：项目素材。

# 项目 5.2　项目提成计算器

## 5.2.1　项目效果

项目提成计算器效果图如图 5-6 所示，项目提成计算器角色选择效果图如图 5-7 所示，项目提成计算器计算效果图如图 5-8 所示。

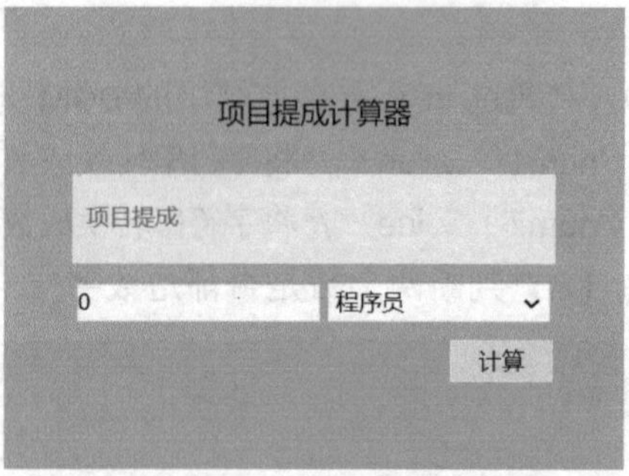


图 5-6　项目提成计算器效果图

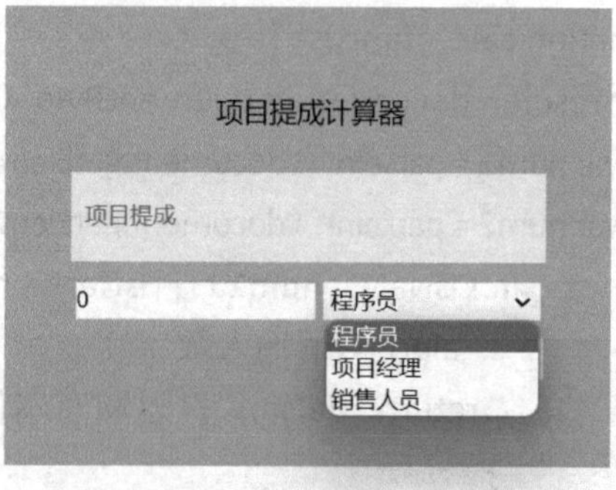


图 5-7　项目提成计算器角色选择效果图

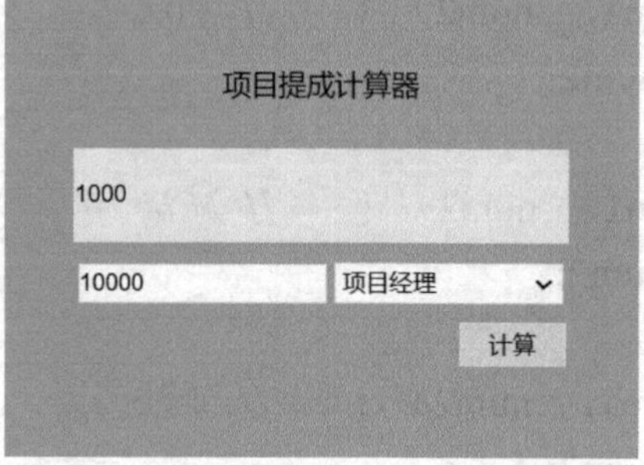


图 5-8　项目提成计算器计算效果图

### 5.2.2　项目背景

在某界面中实现了一个项目提成计算器，根据不同角色计算项目提成，项目提成为只读模式，要求有 3 个角色可以选择，并按照每个角色计算相应的提成。

熟悉 JavaScript 面向对象的定义和使用，熟悉常用设计模式的定义和使用，并综合 JavaScript 移动端静态网页编程技术。

培养学生养成规范化、标准化的代码编写习惯，增强学生分析问题和解决问题的能力，培育学生项目开发的能力，提高学生的软件开发实力，增强学生的就业竞争力。

### 5.2.3　项目说明

（1）界面部分：搭建主体界面，并设置 viewport、项目收益输入框、角色选择框，对计算按钮和计算结果显示区域进行布局，通过 CSS 定义标签完成美化。

（2）JavaScript 部分：定义对象，并在对象中设置与 3 个角色相对应的策略方法。程序员提成计算方法为 programmer，项目经理提成计算方法为 manager，销售人员提成计算方法为 salesman。

（3）定义“计算”按钮的 click 事件，根据输入的项目收益和选择的角色，通过角色对象，选择相应的计算策略，进行计算提成并输出到界面上。

### 5.2.4　项目规划

项目 5.2 规划导图如图 5-9 所示。

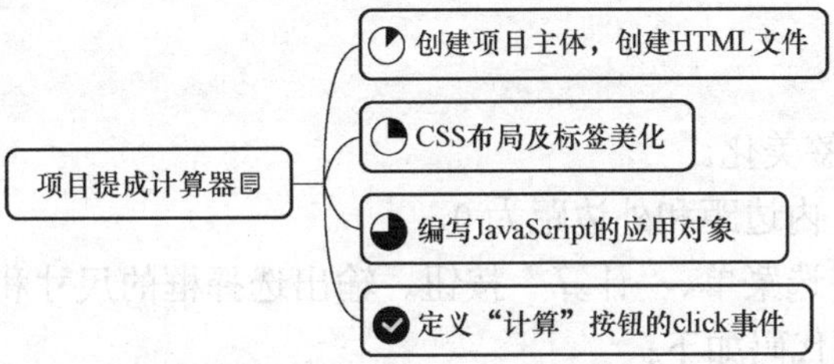


图 5-9　项目 5.2 规划导图

### 5.2.5　项目实施

（1）创建项目主体，创建 HTML 文件。

① 使用 viewport 控制移动端的界面视图区域。

② input 项目提成输入框，并设置为只读。

③ input 收益输入框，select 选择框三个角色。

源代码如下：

```
<!DOCTYPE html>
<html lang="en">
<head>
    <meta name="viewport" content="width=device-width， initial-scale=1.0">
    <meta charset="UTF-8">
```

```
<title>项目提成计算器</title>
</head>
<body>
<div id="box">
    <header>项目提成计算器</header>
    <div id="dataBox">
   <input type="text" id="bonus" readonly="readonly" placeholder="   项目提成">
    </div>
    <div id="">
        <input type="text" id="benefit" value="0">
        <select id="roles">
            <option value="1">程序员</option>
            <option value="2">项目经理</option>
            <option value="3">销售人员</option>
        </select>
    </div>
    <div id="count">
     <input type="button" id="countBtn" value="计算" onclick="countFun（）">
    </div>
</div>
</body>
</html>
```

（2）CSS 布局及标签美化。

① 设置全局样式，内边距和外边距为 0。

② 设置文本框、多选菜单、“计算”按钮、输出选择框的尺寸和边框样式。

内部 CSS 样式，源代码如下：

```
<style>
        * {
            margin: 0px;
            padding: 0px;
        }
        header {
            text-align: center;
            margin-bottom: 15px;
        }
        #box {
            margin: 20px auto;
            width: 300px;
            text-align: center;
```

```
            background-color: burlywood;
            padding: 50px 30px;
        }
        #dataBox {
            padding: 10px 0;
        }
        #bonus {
            height: 50px;
            width: 280px;
            background-color: #f3f3f3;
        }
        #benefit {
            height: 20px;
            width: 140px;
        }
        #roles {
            height: 22px;
            width: 130px;
            vertical-align: bottom;
        }
        #count {
            padding-top: 10px;
            padding-right: 11px;
            text-align: right;
        }
        #countBtn {
            height: 25px;
            width: 60px;
            background-color: bisque;
            cursor: pointer;
        }
        #benefit， #roles， #countBtn， #bonus {
            border: 1px solid #eeeeee;
        }
    </style>
```

（3）编写 JavaScript 的应用对象。

创建 1 个对象 strategies，并设置 3 个与角色相对应的计算方法，源代码如下：

```
<script>
        var strategies={
```

```
            "1":function（data）{
                if（data > 10000） {
                    return data * 0.05;
                } else if（data >= 2000） {
                    return 50;
                } else {
                    return 10;
                }
                },
                "2":function（data） {
                if（data > 20000） {
                    return data * 0.2;
                } else {
                    return data * 0.1;
                }
            },
                "3":function（data） {
                if（data > 100000） {
                    return data * 0.3;
                } else if（data >= 50000） {
                    return data * 0.2;
                } else {
                    return data * 0.05;
                }
            }
            }
```

（4）定义“计算”按钮的 click 事件。

获取输入的项目收益值和选择的角色值，计算并显示相应的提成，源代码如下：

```
  function countFun（）{
            //获取项目收益值
            var benefit=document.getElementById（'benefit'）.value;
            //获取选择的角色
                var role=document.getElementById（'roles'）.value;
                //角色策略对应的提成计算值
                document.getElementById（'bonus'）.value=strategies[role]（benefit）;
          }
</script>
```

### 5.2.6　知识储备

1. JavaScript 函数

1）声明函数

声明函数的基本语法如下：

```
function 函数名（[参数 1, 参数 2, ...]）
{
    函数体...
}
```

声明函数，function 是声明函数的关键字，必须全部使用小写字母。声明函数的几种方式如下。

① 函数声明定义法。

通过函数名声明，在程序调用时才能执行，语法如下：

```
function 函数名（参数）{
函数体
return 返回值; }
```

② 函数表达式定义法。

通过将匿名函数赋值给变量，调用时可以执行，语法如下：

```
var 函数名=function（）{ 函数体 }
```

③ 创建函数对象定义法。

通过 new 方式声明，不需要调用，语法如下：

```
var 函数名=new Function（alter（"hello!"））
```

2）局部变量和全局变量

JavaScript 根据作用域使用范围的不同，将其分为局部变量和全局变量。

① 局部变量：在函数体内利用 var 关键字定义的变量称为局部变量，它仅在该函数体内有效。

② 全局变量：不在函数内声明的变量或在函数内省略 var 声明的变量都称为全局变量。

3）返回值

return：在函数中，return 语句之后的代码不会被执行，return 语句返回一个值。

4）函数的调用参数

调用函数语法：函数名（参数）。

说明：函数参数分为形参和实参。

① 形参：函数定义时括号里面的参数。

② 实参：函数调用时括号里面的参数，参数是由实参传递给形参，参数传递有值传送和地址传递。

5）常见的内置函数

a. Math.ceil（数值）：向上取整。

b. Math.floor（数值）：向下取整。

c. Math.random（）：生成一个 0～1 之间的随机数。

d. Math.round（数值）：四舍五入。

① 日期函数 date。

a. date.getFullYear（）：获取年份。

b. date.getMonth（）：获取月份。

c. date.getDate（）：获取当前日。

d. date.getDay（）：获取当前星期。

e. date.getTime（）：获取当前时间。

② 定时器函数。

a. setInterval（）：setInterval 函数用于每隔指定的毫秒数重复执行函数，它同样返回一个唯一的定时器 ID，这个 ID 可以用于后续通过 clearInterval 来取消定时器的重复执行。

b. setTimeout（）：setTimeout 函数用于在指定的毫秒数后执行一次函数，它返回一个唯一的定时器 ID，这个 ID 可以用于后续通过 clearTimeout 来取消定时器。

**2. 对象**

在 JavaScript 中，对象是属性和方法的集合，变量只能保存单一数据，对象则可以保存多种数据。

1）对象的声明

new Object（ ）：先声明一个类，再通过 new 实例化。

{}：对象直接声明，利用现有值，直接实例化一个对象。

2）对象的属性

① 对象.属性名或对象["属性名"]：添加属性。

② delete 对象名.属性名：删除属性。

③ 属性名 in 对象名：检测属性。

3）对象的方法

对象. 方法名：对象的属性值可以是函数。

4）对象的遍历

for（var key in 对象名）：用于遍历对象的可枚举属性。

**3. BOM 对象**

1）windows 对象

① windows.innerHeight/innerWidth：获取窗体宽高。

② windows.open（url）：打开新窗口。

③ windows.close（）：关闭当前窗口。

2）document 对象

Document.bgColor：设置界面背景色。

3）location 对象

Location.href：显示当前界面的 url 链接。

4）history 对象

① history.back（）：后退网页。

② history.forward（）：前进网页。

③ history.go（）：传入 –1 为后退，传入 1 为前进，不传参则会刷新界面。

## 职业技能等级考证提要

1．能够掌握面向对象程序设计的方法。
2．能够使用字面量方式创建 JavaScript 对象。
3．能够使用构造函数方式创建 JavaScript 对象。
4．能够使用原型链等原生方式开发网页。

## 职业技能训练

### 1. 单项选择题

（1）下面关于 JavaScript 面向对象说法错误的是？（　　）

A．可以采用对象["属性名"]的方式修改属性值

B．可以使用 extends 实现继承

C．用 var obj = { }就可以创建一个对象

D．可以采用对象.属性名的方式访问属性

（2）如何把 7.25 四舍五入为最接近的整数？（　　）

A．round（7.25）　B．Math.rnd（7.25）　C．Math.round（7.25）　D．rnd(7.25）

（3）定义 JavaScript 数组的正确方法是？（　　）

A．var txt = new Array:1=（"tim"）2=（"kim"）3=（"jim"）

B．var txt = new Array="tim"，"kim"，"jim"

C．var txt = new Array（1:"tim"，2:"kim"，3:"jim"）

D．var txt = new Array（"tim"，"kim"，"jim"）

（4）以下哪个事件可用于在界面加载完成后，执行处理函数？（　　）

A．onload　B．onkeydown　C．onfocus　D．onClick

（5）下面关于 JavaScript 函数的说法，错误的是：（　　）

A．JavaScript 函数可以有多个参数

B．函数名不能当做函数参数传递

C．可以使用将匿名函数赋值给变量这种方式声明函数

D．如果函数里没有 return 语句，则函数会返回 undefined

### 2. 多项选择题

（1）以下（　　）是 JavaScript 中 Math 对象的方法。

A．random（）　B．join（）　C．floor（）　D．ceil（）

（2）以下关于 JavaScript 事件的描述中，正确的是：（　　）。

A．mouseOver—鼠标指针移动到事件源对象上时触发的事件

B．mouseOut—鼠标离开事件源对象上时触发的事件

C．click—鼠标单击事件

D．focus—获取焦点事件

（3）以下哪段代码能正确创建函数 show（　　）？

A．var showFun = function（text）{ alert（text）; }

B. var showFun = function show（text）{ alert（text）; }

C. var showFun =new function（"text" ， "alert（text）"};

D. unction show（text）{ alert（text）; }

3. **技能实训题**

实训“移动端视频播放”，在某界面中实现移动端视频播放界面，视频播放界面效果图如图 5-10 所示。项目名称为“video”，包含首页 index.html。

具体要求：界面可播放视频，可控制视频播放进度和音量，也可暂停视频，可对视频发布评论。

在评论文本框中输入评论信息，单击“发表评论”按钮提交评论后，将输入的评论信息显示在“发表评论”按钮下方的“评论显示区”；同时清空评论文本框，发表评论的界面效果图如图 5-11 所示。

图 5-10 视频播放界面效果图

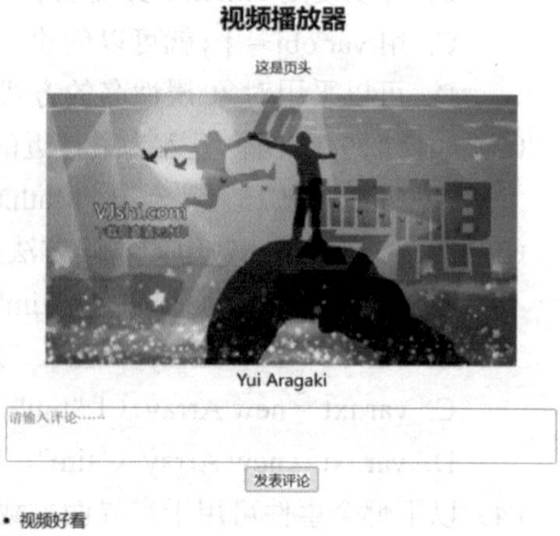


图 5-11 发表评论的界面效果图

## 职业技能训练答案

1. **单项选择题**

（1）D （2）C （3）D （4）A （5）B

2. **多项选择题**

（1）ACD （2）ABCD （3）BD

3. **技能实训题**

打开技能实训素材文件夹下项目“video”，新建 index.html 文件，源代码如下：

```
<!DOCTYPE html>
<html>
  <head>
    <meta charset="UTF-8" />
    <!--当前窗口宽度等于设备宽度 100%，缩放级别为 1 -->
    <meta name="viewport" content="width=device-width， initial-scale=1.0" />
```

```
    <link rel="stylesheet" type="text/css" href="CSS/video1.css" />
    <title>视频网站</title>
  </head>
  <body>
    <header>
      <h2>视频播放器</h2>
      <small>这是页头</small>
    </header>
    <article>
      <section>
        <figure>
          <video width="90%" controls loop>
            <!--添加视频标签-->
            <source src="video/gakki.mp4" type="video/mp4" />
            当前浏览器不支持 video 直接播放，单击这里下载视频:
            <a href="video/gakki.mp4" download="gakki.mp4">下载视频</a>
          </video>
          <figcaption>Yui Aragaki</figcaption>
        </figure>
      </section>
      <section>
        <!--定义段落-->
        <form autocomplete="on"> <!-- 第（7）空 -->
          <!--创建表单-->
          <div>
            <!-- 添加文本框标签 -->
            <textarea
          name="input"
              id="content"
              cols="20"
              rows="3"
              placeholder="请输入评论……"
              title="评论框"
              accesskey="g"
              spellcheck="true"
            ></textarea>
          </div>
          <!-- 添加按钮 -->
          <button type="button" onclick="sendComment（）">
```

```
                <mark>发表评论</mark>
              </button>
            </form>
          </section>
          <section>
            <!--定义段落-->
            <ul id="commentList"></ul>
          </section>
        </article>
        <script type="text/JavaScript">
          var list = document.getElementById（'commentList'）;
          var text = document.getElementById（'content'）;
          function sendComment（） {
            // 在 DOM 中创建一个<li>元素
            var li = document.createElement（'li'）;
            // 修改<textarea>的内容
            li.innerHTML = text.value;
            // 将<li>元素追加到<ul>元素中
            list.appendChild（li）;
            // 清空<textarea>的内容
            text.value = '';
            // 阻止表单提交后刷新
            return false;
          }
        </script>
      </body>
    </html>
```

新建 CSS 文件夹下 video.css，源代码如下：

```
/* 设置 body 中元素居中显示 */
body{
  text-align: center;
}
/* 设置页头高度和宽度 */
header{
  height: 10%;
  width: 100%;
}
section{
  width: 100%;
```

```
}
/* 输入评论 */
textarea{
  width: 90%;
  height: 100%;
  resize: none;
}
/* 取消<mark>的背景颜色 */
mark{
  background: #fff;
}
/* 评论列表文字居左 */
#commentList{
  text-align: left;
}
```

## 学习资源

1．电子文档：教学 ppt“模块 5 JavaScript 语法基础”或者教案。
2．附件资料：项目素材。

# 模块 6　JavaScript、DOM 和事件

## 知识目标

1. 掌握 JavaScript 的 DOM 对象。
2. 掌握 JavaScript 的 DOM 操作。
3. 掌握 JavaScript 事件处理，包括窗口事件、鼠标事件、键盘事件等。
4. 能够应用 DIV+CSS+JavaScript 制作主题鲜明、布局合理的网站。

## 技能目标

1. 能够使用 Window 对象操作浏览器。
2. 能够使用 DOM 对象操作网页元素。
3. 能够使用 JavaScript 修改网页元素样式。
4. 能够使用 JavaScript 事件响应用户的交互操作。

## 素养目标

1. 培养学生分析问题、解决问题的能力。
2. 培养学生的自学能力、创新思维，并增强学生的团队合作精神。

## 项目 6.1　学院招生网站首页

### 6.1.1　项目效果

首页 index.html 效果图如图 6-1 所示。

图 6-1　首页 index.html 效果图

## 6.1.2　项目背景

建立高校招生网的必要性：一是学校发展的需要。通过网站宣传学院，让考生、家长了解学院、信任学院，从而选择报考学院。二是体现招生公开、公平、公正原则的需要。招生宣传有利于进一步规范招生管理，使录取行为得到监督，增加招生工作透明度，更好地维护广大考生的合法权益，确保公平公正。三是满足考生及家长的需要。考生只有在填报志愿前充分了解高校的招生政策和实际情况，才能够按照自己的条件合理地选择学校和专业。宣传的主要内容包括：招生政策、学校概况、专业介绍、招生章程和招生计划、就业情况、奖贷学金、校园文化等信息。

学院积极响应了教育部在 2006 年实施的高校招生“阳光工程”，体现了招生公开、公平、公正的原则，确保信息准确、全面、公开，从而增强宣传力度，提高传播效率。

利用 JavaScript 的 DOM 操作和事件，制作一个主题鲜明、内容翔实的交互性网站。

## 6.1.3　项目说明

（1）首页制作，首页头部 logo 及切换网页背景。

（2）界面导航栏和“banner”模块的制作。

（3）制作“就业创业”“最新动态”“信息公开”等模块。

（4）制作“校园风光”模块及页脚。

## 6.1.4　项目规划

项目 6.1 规划导图如图 6-2 所示。

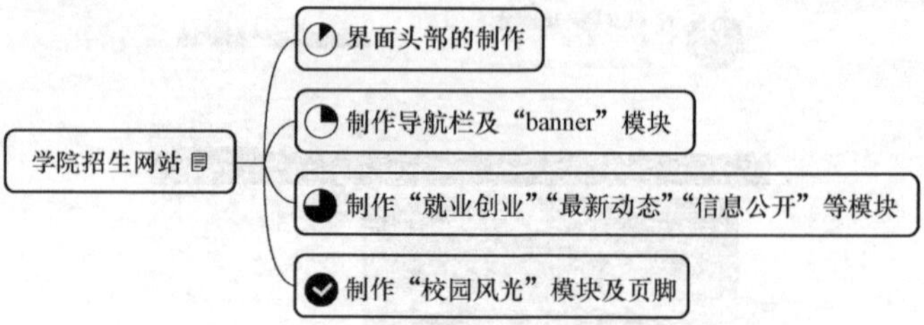


图 6-2　项目 6.1 规划导图

### 6.1.5　项目实施

建立一个项目“ZS”，选取“基本 HTML 项目”模板。新建 index.html 文件，具体操作如下。

（1）界面头部的制作。

头部左侧为学院 logo 图，右侧为背景缩略图，源代码如下：

```
<!--S 顶部-->
<div class="head min_wid" style="text-align: center;width:100%。">
<div class="b_head com_wid" style="height:150px;width:1200px;margin: 0 auto;">
        <img src="images/c01.png" style="float:left;"/>
        <div style="position:relative;top:10px;z-index: 9999;float:right;width:440px;
height:100px;">
    <style>
        body {
        background: url（images/1.jpg） no-repeat center top ;
    background-size:auto;
        }
        li {
            list-style: none;
        }
        .baidu {
            overflow: hidden;
            margin: 10px auto;
            background-color: #fff;
            width: 410px;
            padding-top: 3px;
        }
        .baidu li {
            float: left;
            margin: 0 1px;
            cursor: pointer;
        }
```

```
        .baidu img {
            width: 100px;
        }
    </style>
  <ul class="baidu">
        <li><img src="images/1.jpg"></li>
        <li><img src="images/2.jpg"></li>
        <li><img src="images/3.jpg"></li>
        <li><img src="images/4.jpg"></li>
    </ul>
    <script>
        // 1. 获取元素
        var imgs = document.querySelector（'.baidu'）.querySelectorAll（'img'）;
        // console.log（imgs）;
        // 2. 循环注册事件
        for（var i = 0; i < imgs.length; i++） {
            imgs[i].onclick = function（） {
                // this.src 就是我们点击图片的路径    images/2.jpg
                // console.log（this.src）;
                // 把这个路径 this.src 给 body 就可以了
                document.body.style.backgroundImage = 'url（' + this.src + '）';
            }
        }
    </script>
  <br>
  <div style="float:right;">
   <img src="images/s.gif" alt="" id="wenhou">
    <div id="wh">上午好</div>
    </div>
    <script>
        // 根据系统不同时间来判断，所以需要用到日期内置对象
        // 利用多分支语句来设置不同的图片
        // 需要一个图片，并且根据时间修改图片，就需要用到操作元素 src 属性
        // 需要一个 div 元素，显示不同问候语，修改元素内容即可
        // 1.获取元素
        var img = document.getElementById（'wenhou'）;
        var div = document.getElementById（'wh'）;
        // 2. 得到当前的小时数
        var date = new Date（）;
```

```
            var h = date.getHours（）;
            // 3. 判断小时数改变图片和文字信息
            if（h < 12） {
                img.src = 'images/s.png';
                div.innerHTML = '亲，上午好，欢迎报考呼伦贝尔职业技术学院';
            } else if（h < 18） {
                img.src = 'images/x.png';
                div.innerHTML = '亲，下午好，欢迎报考呼伦贝尔职业技术学院';
            } else {
                img.src = 'images/w.png';
                div.innerHTML = '亲，晚上好，欢迎报考呼伦贝尔职业技术学院';
            }
        </script>
        </div>
            <script type="text/JavaScript" src="js/rotate.js"></script>
        </div>
```

（2）导航栏的制作，源代码如下：

```
    <div class="nav_wrap">
        <div class="com_wid">
                <ul class="a_nav fl">
            <li class="nli home"><h3 class="f16"><a href="/">网站首页</a></h3></li>
            <li class="nli">
            <h3 class="f16"><a href="http://www.hlbrzy.com/c/jianjie/" target="_blank">学院概况</a></h3>
             <ul class="subnav none f14 c3">    </ul>
            </li>
            <li class="nli">
             <h3 class="f16"><a href="/list.asp?classid=486">各系简介</a></h3>
                        <ul class="subnav none f14 c3"></ul>
                    </li>
                    <li class="nli">
             <h3 class="f16"><a href="/list.asp?classid=503">高职单独招生</a></h3>
                        <ul class="subnav none f14 c3"></ul>
                    </li>
                    <li class="nli">
              <h3 class="f16"><a href="/list.asp?classid=509">通知书查询</a></h3>
                        <ul class="subnav none f14 c3"></ul>
                    </li>
                    <li class="nli">
```

```
            <h3 class="f16"><a href="/list.asp?classid=220">招生简章</a></h3>
                    <ul class="subnav none f14 c3"></ul>
                </li>
                <li class="nli">
            <h3 class="f16"><a href="/list.asp?classid=222">专业一览</a></h3>
                    <ul class="subnav none f14 c3"></ul>
                </li>
                <li class="nli">
            <h3 class="f16"><a href="/list.asp?classid=226">招生计划</a></h3>
                    <ul class="subnav none f14 c3"></ul>
                </li>
                <li class="nli">
            <h3 class="f16"><a href="/list.asp?classid=229">联系我们</a></h3>
                    <ul class="subnav none f14 c3"> </ul>
                </li>
            </ul>
        </div>
    </div>
    <!--2E 导航 -->
<script type="text/JavaScript">$（".a_nav"）.slide（{ type:"menu"，titCell:".nli"，
targetCell:".subnav"， effect:"slideDown"， delayTime:500 ， triggerTime:0，
returnDefault:true}）;</script>
</div>
```

（3）焦点图的制作，源代码如下：

```
<script language="JavaScript" type="text/JavaScript" src="js/index.js"></script>
<style>
/* 焦点图 */
.focusBox { float:left; position: relative; width: 780px; height: 312px;    overflow: hidden;
text-align: left; background:#fff;margin:0;padding:0;}
.focusBox ul{ display: block; list-style:none;margin:0 ;padding:0;}
.focusBox .pic img { width: 780px; height: 340px; display: block; }
.focusBox .txt-bg { position: absolute; bottom: 0; z-index: 1; height: 36px; width:100%;
background: #333; filter: alpha（opacity=40）; opacity: 0.4; overflow: hidden; }
.focusBox .txt { position: absolute; bottom: 0; z-index: 2; height: 36px; width:100%; overflow:
hidden; }
.focusBox .txt li{ height:36px; line-height:36px; position:absolute; bottom:-36px;display:
block; list-style:none;}
.focusBox .txt li a{ display: block; color: white; padding: 0 0 0 10px; font-size: 12px;
font-weight: bold; text-decoration: none; }
```

```
.focusBox .num { position: absolute; z-index: 3; bottom: 8px; right: 8px; display: block; list-style:none;}
.focusBox .num li{ float: left; position: relative; width: 18px; height: 15px; line-height: 15px; overflow: hidden; text-align: center; margin-right: 1px; cursor: pointer; }
.focusBox .num li a，.focusBox .num li span { position: absolute; z-index: 2; display: block; color: white; width: 100%; height: 100%; top: 0; left: 0; text-decoration: none; }
.focusBox .num li span { z-index: 1; background: black; filter: alpha（opacity=50）; opacity: 0.5; }
.focusBox .num li.on a，.focusBox .num a:hover{ background:#f60;   }
</style>
<!--new-->
<div class="new" style="margin-top:100px;">
<!--picNews-->
    <div class="focusBox" >
        <ul class="pic">
<li><a href="/show.asp?id=40574"><img src="picture/2023051270702057.jpg" alt="" width="720" height="80" /></a></li>
<li><a href="/show.asp?id=39384"><img src="picture/2023032380035553.jpg" alt="" width="720" height="80" /></a></li>
<li><a href="/show.asp?id=39382"><img src="picture/2023032378471737.jpg" alt="" width="720" height="80" /></a></li>
<li><a href="/show.asp?id=37766"><img src="picture/2023022671876673.png" alt="" width="720" height="80" /></a></li>
<li><a href="/show.asp?id=34953"><img src="picture/2022110554301981.jpg" alt="" width="720" height="80" /></a></li>
        </ul>
        <div class="txt-bg"></div>
        <div class="txt">
            <ul>
<li><a href="/show.asp?id=40574">呼伦贝尔职业技术学院 2025 年招生简章</a></li>
<li><a href="/show.asp?id=34953">呼伦贝尔职业技术学院 2025 年高职单独考试招生简章</a></li>
<li><a href="/show.asp?id=26968">微视频 | 梦想在这里起航</a></li>
<li><a href="https://mp.weixin.qq.com/s/s5BgE3fybmzIF0mstmmpUg">微视频 | 梦想在这里起航</a></li>
<li><a href="/show.asp?id=26661">呼伦贝尔职业技术学院 2025 年招生简章</a></li>
            </ul>
        </div>
        <ul class="num">
```

```
                <li><a>1</a><span></span></li>
                <li><a>2</a><span></span></li>
                <li><a>3</a><span></span></li>
                <li><a>4</a><span></span></li>
                 <li><a>5</a><span></span></li>
            </ul>
        </div>
        <script type="text/JavaScript">
        jQuery（".focusBox"）.slide（{ titCell:".num li"，  mainCell:".pic"，effect:"fold"，
autoPlay:true，trigger:"click"，  startFun:function（i）{jQuery（".focusBox.txt li"）.eq（i）.animate
（{"bottom":0}）.siblings（）.animate（{"bottom":-36}）;}}）;
    </script>
```

（4）登录模块的制作，源代码如下：

```
<!--/picNews-->
    <!--tabNews-->
    <div class="tabNewBg"></div>
    <div class="tabNews" >
    <div id="tabBox">
      <ul>
        <li   class="selected">会员登录</li>
      </ul>
    <div class="tabTexBox">
<style>
        .box2 {
            position: relative;
            width: 300px;
            margin: 10px auto;
        }
        .box2 input {
            width: 200px;
            height: 30px;
            border: 0;
            outline: none;
        }
        .box2 img {
            position: absolute;
            top: 92px;
            right: 70px;
            width: 24px;
```

```
            }
        </style>
                <div class="box2">
                    用户名：<br>
    <input type="username" class="ipt"><font class="message ">6～16 位用户名</font>
            <br><br><br>
                    密码：<br>
            <input type="password" name="" id="pwd">
            <label for="">
                <img src="images/eye.png" alt="" id="eye"><br>
                <br>
            </label>
        <br><br><br>
      <input type="submit" value="登录">
        </div>
        <script>
            // 1. 通过 ID 号获取元素
            var eye = document.getElementById（'eye'）;
            var pwd = document.getElementById（'pwd'）;
            // 2. 注册事件  处理程序
            var flag = 0;
            eye.onclick = function（） {
                // 点击一次之后，  flag 一定要变化
                if（flag == 0） {
                    pwd.type = 'text';
                    eye.src = 'images/eye.png';
                    flag = 1; // 赋值操作
                } else {
                    pwd.type = 'password';
                    eye.src = 'images/eyeclose.png';
                    flag = 0;
                }
            }
        </script>
    <script>
            //用户如果离开密码框，里面输入个数不是 6～16，则提示错误信息，否则提示
输入正确信息
            // 首先判断的事件是表单失去焦点 onblur
            // 如果输入正确则提示正确的信息颜色为绿色小图标变化
```

```
        // 如果输入不是 6 到 16 位， 则提示错误信息颜色为红色 小图标变化
        // 因为里面变化样式较多， 我们采取 className 修改样式
        var ipt = document.querySelector（'.ipt'）;
        var message = document.querySelector（'.message'）;
        ipt.onblur = function（） {
            if（this.value.length < 6 || this.value.length > 16） {
            message.className = 'message wrong';
            message.innerHTML = '您输入的位数不对！ 请输入 6～16 位用户名';
            } else {
             message.className = 'message right';
             message.innerHTML = '输入正确！ ';
            }
        }
    </script>
    </div>
        </div>
    </div>
    <!--/tabNews-->
</div><!--/new-->
```

（5）就业创业模块的制作，源代码如下：

```
<div class="h40"></div>
<div style="width:1180px;margin:0 auto;">
<div  style="width:384px;height:324px;text-align:left;border:1px solid #b0e5ff;float:left;
margin-right:10px;margin-bottom:10px;overflow:hidden;background:#fff;">
<div style="background:url（images/c03.gif） center no-repeat;padding:10px;"><div style=
"float:right;font-size:10px;margin:2px 10px 0 0;"><a href=/list.asp?classid=223 style=
"color:#fff;">MORE.</a></div>
    <img src="picture/home_ico.gif" alt="" width="15" height="13" /> <font style=
"font-size:16px;">就业创业</font></div>
<div >
      <div class="toppic"><img src="picture/2023042980911289.jpg" width="100"
height="70"/><ahref="https://mp.weixin.qq.com/s?__biz=MzAxODUxMTgxMw==&amp;
mid=2649233068&amp;idx=1&amp;sn=d682cdd6893eb5e865104e6fd5f5490e&amp;chksm=83c9
9406b4be1d10888278887b6c794494916640e5054a2756240c1289bb4e44e82d4840a362&amp;m
pshare=1&amp;scene=23&amp;srcid=0420APJTchEi" title="呼伦贝尔职业技术学院与颐和温泉酒
店管理有限公司签订校企合作框架协议" target="_blank">呼伦贝尔职业技术学院与颐和温泉
酒…</a></div>
  <ul>
      <li ><div class="topnewh" >
```

```
            <div class="dd "><span style="color:#909090;">04-29</span><img
src="picture/ico.png" width="17" height="20" align="absmiddle"/><a
href="https://mp.weixin.qq.com/s?__biz=MzAxODUxMTgxMw==&amp;mid=2649233068&amp;id
x=1&amp;sn=d682cdd6893eb5e865104e6fd5f5490e&amp;chksm=83c99406b4be1d10888278887
b6c794494916640e5054a2756240c1289bb4e44e82d4840a362&amp;mpshare=1&amp;scene=23
&amp;srcid=0420APJTchEi" title="呼伦贝尔职业技术学院与颐和温泉酒店管理有限公司签订校
企合作框架协议" target="_blank" style="font-weight:bold;" >呼伦贝尔职业技术学院与颐和温
泉酒店管理有限</a></div>
            <div class="dd "><span style="color:#909090;">04-29</span><img
src="picture/ico.png" width="17" height="20" align="absmiddle"/><a
href="https://mp.weixin.qq.com/s?__biz=MzAxODUxMTgxMw==&amp;mid=2649233020&amp;id
x=2&amp;sn=840b57c9796ca2da918a739148d13ba1&amp;chksm=83c994d6b4be1dc0bbe577c4a
abb15bf7dd3c29c9eecd5c372bed037991d23c83511df4abb5c&amp;mpshare=1&amp;scene=23&a
mp;srcid=0420DG23b9ph" title="呼职院蒙医蒙药系与国药控股国大药房有限公司达成实习就
业协议" target="_blank" style="font-weight:bold;" >呼职院蒙医蒙药系与国药控股国大药房有
限公司</a></div>
            <div class="dd "><span style="color:#909090;">04-29</span><img
src="picture/ico.png" width="17" height="20" align="absmiddle"/><a
href="https://mp.weixin.qq.com/s?__biz=MzAxODUxMTgxMw==&amp;mid=2649232837&amp;id
x=1&amp;sn=a2f05a706b3b4394c318da7082b61a28&amp;chksm=83c9976fb4be1e7986d07b83e
ec503923ad2fcf7240bfdbe0c19aaa4f34877a8821e5d0bf251&amp;mpshare=1&amp;scene=23&a
mp;srcid=0420luwoYAbA" title="呼伦贝尔职业技术学院与呼伦贝尔市人民医院举行合作共建
教学医院签约仪式" target="_blank" style="font-weight:bold;" >呼伦贝尔职业技术学院与呼伦
贝尔市人民医院举</a></div>
            <div class="dd "><span style="color:#909090;">03-15</span><img
src="picture/ico.png" width="17" height="20" align="absmiddle"/><a
href="https://mp.weixin.qq.com/s/e7T6IzHh26c5sRioJsJ-LQ" title="呼伦贝尔职业技术学院与雁
宝能源有限公司签约" target="_blank" style="font-weight:bold;" >呼伦贝尔职业技术学院与雁
宝能源有限公司签约</a></div>
            <div class="dd "><span style="color:#909090;">03-15</span><img
src="picture/ico.png" width="17" height="20" align="absmiddle"/><a
href="https://mp.weixin.qq.com/s/_TnN44CWh1jto1FGX4Sl6g" title="呼伦贝尔职业技术学院与
呼伦贝尔市女企业家协会签约" target="_blank" style="font-weight:bold;" >呼伦贝尔职业技术
学院与呼伦贝尔市女企业家协</a></div>
            <div class="dd "><span style="color:#909090;">12-17</span><img
src="picture/ico.png" width="17" height="20" align="absmiddle"/><a
href="https://mp.weixin.qq.com/s/WD3GCWBHfMz3WwKHsPWnPg" title="聚攻坚合力 稳就业
大局 —— 学院党委会议研究部署 2025 年就业创业工作" target="_blank"   >聚攻坚合力 稳
就业大局 —— 学院党委会议研</a></div>
```

```
        <div class="dd "><span style="color:#909090;">10-31</span><img
src="picture/ico.png" width="17" height="20" align="absmiddle"/><a
href="https://mp.weixin.qq.com/s/U74byuR8786aiUzpSM4FNg" title="校企携手 共筑未来 ——
呼职院与呼伦贝尔农垦集团有限公司签订校企合作框架协议" target="_blank"
style="font-weight:bold;" >校企携手 共筑未来 —— 呼职院与呼伦贝尔农</a></div>
        <div class="dd "><span style="color:#909090;">09-29</span><img
src="picture/ico.png" width="17" height="20" align="absmiddle"/><a
href="https://mp.weixin.qq.com/s?__biz=MzAxODUxMTgxMw==&amp;mid=2649221268&amp;id
x=2&amp;sn=31e80261eb36eef38b3ebb199bc4f59d&amp;chksm=83c66a3eb4b1e32828bfeb45f9
e8c01a3875dc93b1dfa7089061d5c93fee4769969499cb8008&amp;mpshare=1&amp;scene=23&a
mp;srcid=0927eBYtSJZA" title="呼职院与济南博赛网络技术有限公司内蒙古分公司举行校企合
作签约仪式" target="_blank"   >呼职院与济南博赛网络技术有限公司内蒙古分公</a></div>
      </div></li>
    </ul>
  </div>
  </div>
```

（6）最新动态模块的制作，源代码如下：

```
  <div style="width:384px;height:324px;text-align:left;border:1px solid #b0e5ff;float:left;
margin-right:10px;margin-bottom:10px;overflow:hidden;background:#fff;">
  <div style="background:url（images/c03.gif） center no-repeat;padding:10px;"><div
style="float:right;font-size:10px;margin:2px 10px 0 0;"><a href=/list.asp?classid=456 style=
"color:#fff;">MORE.</a></div>
    <img src="picture/home_ico.gif" alt="" width="15" height="13" /> <font
style="font-size:16px;">最新动态</font></div>
  <div >
        <div class="toppic"><img src="picture/2023051271618257.jpg" width="100"
height="70"/><ahref="https://mp.weixin.qq.com/s?__biz=MzAxODUxMTgxMw==&amp;mid=2649
234055&amp;idx=1&amp;sn=099d202566d33737191f40a83536ae18&amp;chksm=83c9982db4be
113be8533293407dce89fb8cce9d0447e3329f75603d47c0d9025a55dce3b502&amp;mpshare=1&a
mp;scene=23&amp;srcid=05118zxzVbUm" title="微视频 | 呼伦贝尔职业技术学院第十一届学
生技能大赛风采展" target="_blank">微视频 | 呼伦贝尔职业技术学院第…</a></div>
  <ul>
  <li ><div class="topnewh" >
            <div class="dd "><span style="color:#909090;">05-12</span><img
src="picture/ico.png" width="17" height="20" align="absmiddle"/><a href="https://
mp.weixin.qq.com/s?__biz=MzAxODUxMTgxMw==&amp;mid=2649234055&amp;idx=1&amp;sn=
099d202566d33737191f40a83536ae18&amp;chksm=83c9982db4be113be8533293407dce89fb8cc
e9d0447e3329f75603d47c0d9025a55dce3b502&amp;mpshare=1&amp;scene=23&amp;srcid=051
18zxzVbUm" title="微视频 | 呼伦贝尔职业技术学院第十一届学生技能大赛风采展"
```

```
target="_blank"   >微视频 | 呼伦贝尔职业技术学院第十一届学生</a></div>
                    <div class="dd "><span style="color:#909090;">04-29</span><img
src="picture/ico.png" width="17" height="20" align="absmiddle"/><a href="https:
//mp.weixin.qq.com/s?__biz=MzAxODUxMTgxMw==&amp;mid=2649233607&amp;idx=2&amp;sn
=671216338c188dd88d503c6b5cd0a488&amp;chksm=83c99a6db4be137bb0b139f808172637aea
b2654df0aaa613e2dc2e3d9a6d06c81d5b4d3d62e&amp;mpshare=1&amp;scene=23&amp;srcid=0
429FQUsdvmO" title="政校企三方联动 中高职贯通办学 —— 呼伦贝尔职业技术学院与额尔
古纳市职业中学签约" target="_blank"   >政校企三方联动 中高职贯通办学 —— 呼伦贝
</a></div>
                    <div class="dd "><span style="color:#909090;">04-29</span><img
src="picture/ico.png" width="17" height="20" align="absmiddle"/><a href="https://
mp.weixin.qq.com/s?__biz=MzAxODUxMTgxMw==&amp;mid=2649232957&amp;idx=3&amp;sn=
bc417b010f30bb6ff10820aeb82a2db7&amp;chksm=83c99497b4be1d814215b027b4ddabdc91df5
9121aad30f7ed673d780e07d1ef236fc4c1c1d6&amp;mpshare=1&amp;scene=23&amp;srcid=0420
BqiLrVB0" title="学院喜报| 商贸旅游系学生马站丽荣获全区高等职业院校技能大赛一等奖"
target="_blank"   >学院喜报| 商贸旅游系学生马站丽荣获全区高等</a></div>
                    <div class="dd "><span style="color:#909090;">03-25</span><img
src="picture/ico.png" width="17" height="20" align="absmiddle"/><a href="https://
mp.weixin.qq.com/s?__biz=MzAxODUxMTgxMw==&amp;mid=2649231357&amp;idx=2&amp;sn=
b64644388360e5ad7f00c0f6614eaf07&amp;chksm=83c98d57b4be0441ef1f9aae7ca023ad1b7669
444a12fd7bf554bdbbfeba397a8d9b2b66d6fd&amp;mpshare=1&amp;scene=1&amp;srcid=0323W
9ErpLbeG" title="学院喜报 | 呼伦贝尔职业技术学院“1+X 老年照护”职业技能等级证书考站
荣获“优秀考评点”称号" target="_blank"   >学院喜报 | 呼伦贝尔职业技术学院“1+X 老年
照</a></div>
                    <div class="dd "><span style="color:#909090;">12-16</span><img
src="picture/ico.png" width="17" height="20" align="absmiddle"/><a href="https://
mp.weixin.qq.com/s/AtvzrlWyBo0Kx0GUQIi8Ng" title="守正创新谋发展 蒙医蒙药育人才"
target="_blank"   >守正创新谋发展 蒙医蒙药育人才</a></div>
                    <div class="dd "><span style="color:#909090;">12-16</span><img
src="picture/ico.png" width="17" height="20" align="absmiddle"/><a href="https://
mp.weixin.qq.com/s/PN_eDKsB7qOcmW8hCaFs4g" title="爱岗敬业 拼搏奉献 争创一流——呼
伦贝尔职业技术学院电子商务教研室工作纪实" target="_blank"   >爱岗敬业 拼搏奉献 争创
一流——呼伦贝尔职业</a></div>
                    <div class="dd "><span style="color:#909090;">12-16</span><img
src="picture/ico.png" width="17" height="20" align="absmiddle"/><a href="https://
mp.weixin.qq.com/s/7G3MIj2TYGgyoH_FneNVVA" title="全区高校首家“智慧校园 5G 定制网”
落户呼伦贝尔职业技术学院" target="_blank"   >全区高校首家“智慧校园 5G 定制网”落户呼
伦贝</a></div>
                    <div class="dd "><span style="color:#909090;">12-16</span><img
```

```
src="picture/ico.png" width="17" height="20" align="absmiddle"/><a href="https://
mp.weixin.qq.com/s/3nugE8fyds2MvVItdrjf_A" title="“疫”不容辞，爱在归途——呼伦贝尔职
业技术学院专车护送兴安盟学子平安返乡！" target="_blank"   >“疫”不容辞，爱在归途——
呼伦贝尔职业技术</a></div>
                    </div></li>
          </ul>
      </div>
      </div>
```

（7）信息公开模块制作，源代码如下：

```
      <div   style="width:384px;height:324px;text-align:left;border:1px solid #b0e5ff;float:left;
overflow:hidden;background:#fff;">
      <div style="background:url（images/c03.gif）  center no-repeat;padding:10px;"><div
style="float:right;font-size:10px;margin:2px 10px 0 0;"><a href=/list.asp?classid=502 style=
"color:#fff;">MORE.</a></div>
      <img src="picture/home_ico.gif" alt="" width="15" height="13" /> <font
style="font-size:16px;">信息公开</font></div>
      <div >
          <div class="toppic"><img src="picture/2022121640471273.jpg" width="100"
height="70" /><a href="/show.asp?id=36509" title="招生咨询渠道">招生咨询渠道</a>★ 咨询
地址：呼伦贝尔市中心城新区规划 3 街★ 咨询热线：0470-2283111…</div>
      <ul>
          <li ><div class="topnewh" >
                    <div class="dd "><span style="color:#909090;">12-16</span><img
src="picture/ico.png" width="17" height="20" align="absmiddle"/><a href="/show.asp?id=36522"
title="保送、自主选拔录取、高水平运动员和艺术特长生招生等特殊类型招生入选考生资格及
测试结果"   >保送、自主选拔录取、高水平运动员和艺术特长</a></div>
                    <div class="dd "><span style="color:#909090;">12-16</span><img
src="picture/ico.png" width="17" height="20" align="absmiddle"/><a href="/show.asp?id=36521"
title="新生复查期间有关举报、调查及处理结果"   >新生复查期间有关举报、调查及处理结果
</a></div>
                    <div class="dd "><span style="color:#909090;">12-16</span><img
src="picture/ico.png" width="17" height="20" align="absmiddle"/><a href="https:
//gaokao.chsi.com.cn/zsgs/zhangcheng/listVerifedZszc--infoId-3733885890，method-view，
schId-54278694.dHTML" title="呼伦贝尔职业技术学院 2025 年招生章程" target="_blank"   >呼
伦贝尔职业技术学院 2025 年招生章程</a></div>
                    <div class="dd "><span style="color:#909090;">12-16</span><img
src="picture/ico.png" width="17" height="20" align="absmiddle"/><a href="/show.asp?id=36516"
```

```
title="2025 高职分批次、分科类录取录取最低分"   >2025 高职分批次、分科类录取录取最低分</a></div>
                    <div class="dd "><span style="color:#909090;">12-16</span><img src="picture/ico.png" width="17" height="20" align="absmiddle"/><a href="/show.asp?id=36514" title="2025 高职分批次、分科类录取人数"   >2025 高职分批次、分科类录取人数</a></div>
                    <div class="dd "><span style="color:#909090;">12-16</span><img src="picture/ico.png" width="17" height="20" align="absmiddle"/><a href="/show.asp?id=36513" title="2025 年高职考生个人录取信息查询"   >2025 年高职考生个人录取信息查询</a></div>
                    <div class="dd "><span style="color:#909090;">12-16</span><img src="picture/ico.png" width="17" height="20" align="absmiddle"/><a href="http://zs.hlbrzy.com/show.asp?id=27171" title="2025 年高职招生计划" target="_blank"   >2025 年高职招生计划</a></div>
                    <div class="dd "><span style="color:#909090;">12-16</span><img src="picture/ico.png" width="17" height="20" align="absmiddle"/><a href="http://zs.hlbrzy.com/show.asp?id=25091" title="2025 年学院招生简章" target="_blank"   >2025 年学院招生简章</a></div>
                    </div></li>
        </ul>
    </div>
    </div>
```

（8）高职单招模块，源代码如下：

```
    <div   style="width:384px;height:324px;text-align:left;border:1px solid #b0e5ff;float:left;margin-right:10px;margin-bottom:10px;overflow:hidden;background:#fff;">
    <div style="background:url（images/c03.gif） center no-repeat;padding:10px;"><div style="float:right;font-size:10px;margin:2px 10px 0 0;"><a href=/list.asp?classid=503 style="color:#fff;">MORE.</a></div>
    <img src="picture/home_ico.gif" alt="" width="15" height="13" /> <font style="font-size:16px;">高职单独招生</font></div>
    <div >
        <div class="toppic"><img src="picture/2023022671876673.png" width="100" height="70" /><a href="/show.asp?id=37766" title="呼伦贝尔职业技术学院 2025 年高职单独考试招生工作方案">呼伦贝尔职业技术学院 2025 年高职单…</a>根据《教育部办公厅关于进一步完善高职院校分类考试工作的通知》（教学…</div>
    <ul>
                    <li ><div class="topnewh" >
                    <div class="dd "><span style="color:#909090;">04-12</span><img src="picture/ico.png" width="17" height="20" align="absmiddle"/><a href="/show.asp?id=39800"
```

```
title="呼伦贝尔职业技术学院 2025 年二次单招考试拟录取名单公示"
style="font-weight:bold;" >呼伦贝尔职业技术学院 2025 年二次单招考试拟录</a></div>
                    <div class="dd "><span style="color:#909090;">04-12</span><img
src="picture/ico.png" width="17" height="20" align="absmiddle"/><a href="/show.asp?id=39799"
title="呼伦贝尔职业技术学院 2025 年二次单独招生考试成绩公示" style="font-weight:bold;" >
呼伦贝尔职业技术学院 2025 年二次单独招生考试</a></div>
                    <div class="dd "><span style="color:#909090;">03-20</span><img
src="picture/ico.png" width="17" height="20" align="absmiddle"/><a href="/show.asp?id=39277"
title="呼伦贝尔职业技术学院 2025 年高职单招考试拟录取名单公示"
style="font-weight:bold;" >呼伦贝尔职业技术学院 2025 年高职单招考试拟录</a></div>
                    <div class="dd "><span style="color:#909090;">03-20</span><img
src="picture/ico.png" width="17" height="20" align="absmiddle"/><a href="/show.asp?id=39274"
title="呼伦贝尔职业技术学院 2025 年高职单独招生考试成绩公示" style="font-weight:bold;" >
呼伦贝尔职业技术学院 2025 年高职单独招生考试</a></div>
                    <div class="dd "><span style="color:#909090;">02-26</span><img
src="picture/ico.png" width="17" height="20" align="absmiddle"/><a href="/show.asp?id=37781"
title="2025 年高职单独招生考试准考证打印操作流程" style="font-weight:bold;" >2025 年高职
单独招生考试准考证打印操作流程</a></div>
                    <div class="dd "><span style="color:#909090;">02-24</span><img
src="picture/ico.png" width="17" height="20" align="absmiddle"/><a href="/show.asp?id=37766"
title="呼伦贝尔职业技术学院 2025 年高职单独考试招生工作方案" style="font-weight:bold;" >
呼伦贝尔职业技术学院 2025 年高职单独考试招生</a></div>
                    <div class="dd "><span style="color:#909090;">02-22</span><img
src="picture/ico.png" width="17" height="20" align="absmiddle"/><a href="/show.asp?id=37755"
title="呼伦贝尔职业技术学院 2025 年高职单独招生考试部分招生专业考生体格要求公告"  >
呼伦贝尔职业技术学院 2025 年高职单独招生考试</a></div>
                    <div class="dd "><span style="color:#909090;">02-22</span><img
src="picture/ico.png" width="17" height="20" align="absmiddle"/><a href="/show.asp?id=37734"
title="呼伦贝尔职业技术学院 2025 年高职单招线上考试方案" style="font-weight:bold;" >呼伦
贝尔职业技术学院 2025 年高职单招线上考试</a></div>
                    </div></li>
        </ul>
    </div>
    </div>
```

（9）通知书查询模块的制作，源代码如下：

```
    <div    style="width:384px;height:324px;text-align:left;border:1px solid
#b0e5ff;float:left;margin-right:10px;margin-bottom:10px;overflow:hidden;background:#fff;">
```

```
    <div style="background:url（images/c03.gif） center no-repeat;padding:10px;"><div
style="float:right;font-size:10px;margin:2px 10px 0 0;"><a href=/list.asp?classid=509
style="color:#fff;">MORE.</a></div>
    <img src="picture/home_ico.gif" alt="" width="15" height="13" /> <font
style="font-size:16px;">通知书查询</font></div>
    <div >
        <div class="toppic"><img src="picture/2022072150747881.jpg" width="100"
height="70" /><a href="/show.asp?id=29806" title="2025 高职录取通知书邮寄查询">2025 高职
录取通知书邮寄查询</a>学院将于 7 月末陆续邮寄高职单招录取通知书，8 月上旬邮寄统招
录取通知书…</div>
    <ul>
    <li ><div class="topnewh" >
                <div class="dd "><span style="color:#909090;">07-21</span><img
src="picture/ico.png" width="17" height="20" align="absmiddle"/><a href="/show.asp?id=29806"
title="2024 高职录取通知书邮寄查询"  >2024 高职录取通知书邮寄查询</a></div>
                <div class="dd "><span style="color:#909090;">07-26</span><img
src="picture/ico.png" width="17" height="20" align="absmiddle"/><a href="/show.asp?id=14697"
title="2023 高职录取通知书邮寄查询"  >2023 高职录取通知书邮寄查询</a></div>
                <div class="dd "><span style="color:#909090;">09-19</span><img
src="picture/ico.png" width="17" height="20" align="absmiddle"/><a
href="http://zs.hlbrzy.com/show.asp?id=10673" title="2022 级高职新生入学须知（第一批）"
target="_blank"  >2022 级高职新生入学须知（第一批）</a></div>
                <div class="dd "><span style="color:#909090;">09-19</span><img
src="picture/ico.png" width="17" height="20" align="absmiddle"/><a
href="http://zs.hlbrzy.com/show.asp?id=10672" title="2020 级高职新生入学须知（第二批）"
target="_blank"  >2022 级高职新生入学须知（第二批）</a></div>
                <div class="dd "><span style="color:#909090;">09-19</span><img
src="picture/ico.png" width="17" height="20" align="absmiddle"/><a
href="http://zs.hlbrzy.com/show.asp?id=10671" title="2022 级五年制高职、中职新生入学须知
（第三批）" target="_blank"  >2020 级五年制高职、中职新生入学须知（第三批</a></div>
                <div class="dd "><span style="color:#909090;">09-19</span><img
src="picture/ico.png" width="17" height="20" align="absmiddle"/><a
href="http://zs.hlbrzy.com/show.asp?id=10666" title="2022 级新生网上报到缴费操作说明"
target="_blank"  >2022 级新生网上报到缴费操作说明</a></div>
                <div class="dd "><span style="color:#909090;">09-19</span><img
src="picture/ico.png" width="17" height="20" align="absmiddle"/><a
href="http://zs.hlbrzy.com/show.asp?id=10671" title="2022 级五年制高职、中职新生入学须知
```

```
（第三批）" target="_blank"    >2022 级五年制高职、中职新生入学须知（第三批</a></div>
                        <div class="dd "><span style="color:#909090;">09-19</span><img
src="picture/ico.png" width="17" height="20" align="absmiddle"/><a
href="https://mp.weixin.qq.com/s?__biz=MzAxODUxMTgxMw==&amp;mid=2649178742&amp;id
x=2&amp;sn=9cad869ac2ec8989a1257beff8a455fb&amp;chksm=83c6c0dcb4b149caca78669ce7f
777041ba9df6f06d383f4f8fe766dc5e86e31dfb4a2e8e14a&amp;token=1156532246&amp;lang=zh
_CN#rd" title="呼伦贝尔职业技术学院 2022 年高职扩招招生简章" target="_blank"    >呼伦贝尔
职业技术学院 2022 年高职扩招招生简章</a></div>
                </div></li>
            </ul>
        </div>
        </div>
```

（10）报考指南模块制作，源代码如下：

```
        <div    style="width:384px;height:324px;text-align:left;border:1px solid #b0e5ff;float:left;
overflow:hidden;background:#fff;">
        <div style="background:url（images/c03.gif）    center no-repeat;padding:10px;"><div
style="float:right;font-size:10px;margin:2px 10px 0 0;"><a href=/list.asp?classid=227
style="color:#fff;">MORE.</a></div>
            <img src="picture/home_ico.gif" alt="" width="15" height="13" /> <font
style="font-size:16px;">报考指南</font></div>
        <div >
              <div class="toppic"><img src="picture/2022072060874081.jpg" width="100"
height="70" /><a href="/show.asp?id=28794" title="2025 年招生报考指南">2025 年招生报考指
南</a>★高职大专招生 1.招生方式：学院高职大专招生分单独考试招生和全国统招…</div>
        <ul>
            <li ><div class="topnewh" >
                        <div class="dd "><span style="color:#909090;">07-14</span><img
src="picture/ico.png" width="17" height="20" align="absmiddle"/><a href="/show.asp?id=28794"
title="2024 年招生报考指南" style="font-weight:bold;" >2025 年招生报考指南</a></div>
                        <div class="dd "><span style="color:#909090;">11-13</span><img
src="picture/ico.png" width="17" height="20" align="absmiddle"/><a
href="https://mp.weixin.qq.com/s/9-RLhyD869Lu4GbsYEou2g" title="【转】【高考】关于 2024 年
艺术类专业招生，不可不知" target="_blank" style="font-weight:bold;" >【转】【高考】关于 2024
年艺术类专业招生，不</a></div>
                        <div class="dd "><span style="color:#909090;">06-16</span><img
src="picture/ico.png" width="17" height="20" align="absmiddle"/><a href="/show.asp?id=14107"
title="2023 年招生报考指南" style="font-weight:bold;" >2023 年招生报考指南</a></div>
```

```
                    <div class="dd "><span style="color:#909090;">07-17</span><img
src="picture/ico.png" width="17" height="20" align="absmiddle"/><a href="/show.asp?id=10531"
title="2022 年招生报考指南" style="font-weight:bold;" >2022 年招生报考指南</a></div>
                    <div class="dd "><span style="color:#909090;">07-16</span><img
src="picture/ico.png" width="17" height="20" align="absmiddle"/><a href="/show.asp?id=7546"
title="2021 年秋季招生报考指南" style="font-weight:bold;" >2021 年秋季招生报考指南
</a></div>
                    <div class="dd "><span style="color:#909090;">07-10</span><img
src="picture/ico.png" width="17" height="20" align="absmiddle"/><a href="/show.asp?id=5957"
title="2020 年秋季招生报名指南" style="font-weight:bold;" >2020 年秋季招生报名指南
</a></div>
                    <div class="dd "><span style="color:#909090;">06-04</span><img
src="picture/ico.png" width="17" height="20" align="absmiddle"/><a href="/show.asp?id=5679"
title="2020 年五年制高职招生网上填报志愿方法及注意事项（针对自治区内初中应届毕业生）
" style="font-weight:bold;" >2020 年五年制高职招生网上填报志愿方法及注意事项</a></div>
                    <div class="dd "><span style="color:#909090;">05-31</span><img
src="picture/ico.png" width="17" height="20" align="absmiddle"/><a href="/show.asp?id=5677"
title="2020 年内蒙古自治区普通高校招生网上填报志愿方法及注意事项（针对普通高中和自
治区内的中职毕业生）" style="font-weight:bold;" >2020 年内蒙古自治区普通高校招生网上填
报志愿</a></div>
          </div></li>
      </ul>
      </div>
      </div>
      </div>
```

（11）校园文化模块制作，源代码如下：

```
      <div class="min_wid" style="text-align:center;">
      <div class="iPhotos " style="margin:0 auto;">
          <a class="piCon" href="/list.asp?classid=320"></a>
              <div class="ipTop">
          </div>
              <div class="ipCon">
      <a title="走过春天，职院似锦的夏日你看过了吗?"
href="https://mp.weixin.qq.com/s/UJ13kD8EcoY1whFf6wvbIA" class="ipFirst">
      <img class="ipFimg" src="picture/2021042684434481.jpg" width="374" height="234" alt="走
过春天，职院似锦的夏日你看过了吗?" />
      <span></span>
      <em></em>
```

```
<b>走过春天，职院似锦的夏日你看过了吗?</b>
</a>
<script type="text/JavaScript" src="js/zoomimgrollover.js"></script>
<script type="text/JavaScript">$（".ipFirst .ipFimg"）.zoomImgRollover（）;</script>
<script type="text/JavaScript" src="js/phover.js"></script>
<ul id="da-thumbs" class="da-thumbs">
 <li>
<a onClick="JavaScript:window.open
（'https://mp.weixin.qq.com/s/UJ13kD8EcoY1whFf6wvbIA'）" title="走过春天，职院似锦的夏日
你看过了吗?">
<img src="picture/2021042684434481.jpg" width="180" height="112" alt="走过春天，职院似
锦的夏日你看过了吗?" />
<div class="hot_info">
<table width="100%" height="100%" border="0" cellspacing="10" cellpadding="0">
<tr><td align="center" valign="middle">
走过春天，职院似锦的夏日你看过了吗?</td></tr></table>
</div>
</a>
</li>
 <li>
<a onClick="JavaScript:window.open（'/show.asp?id=5698'）" title="职院满园春 莫负好春
光">
<img src="picture/2018060658628213.jpg" width="180" height="112" alt="职院满园春 莫负
好春光" />
<div class="hot_info">
<table width="100%" height="100%" border="0" cellspacing="10" cellpadding="0">
<tr><td align="center" valign="middle">
职院满园春 莫负好春光</td></tr></table>
</div>
</a>
</li>
 <li>
<a onClick="JavaScript:window.open（'/show.asp?id=3443'）" title="秋意校园">
<img src="picture/20174175719700.jpg" width="180" height="112" alt="秋意校园" />
<div class="hot_info">
<table width="100%" height="100%" border="0" cellspacing="10" cellpadding="0">
<tr><td align="center" valign="middle">
```

```
秋意校园</td></tr></table>
</div>
</a>
</li>
 <li>
<a onClick="JavaScript:window.open（'/show.asp?id=3442'）" title="夏日校园">
<img src="picture/2017418954813.jpg" width="180" height="112" alt="夏日校园" />
<div class="hot_info">
<table width="100%" height="100%" border="0" cellspacing="10" cellpadding="0">
<tr><td align="center" valign="middle">
夏日校园</td></tr></table>
</div>
</a>
</li>
 <li>
<a onClick="JavaScript:window.open（'/show.asp?id=3441'）" title="春色满校园">
<img src="picture/2017418103948.jpg" width="180" height="112" alt="春色满校园" />
<div class="hot_info">
<table width="100%" height="100%" border="0" cellspacing="10" cellpadding="0">
<tr><td align="center" valign="middle">
春色满校园</td></tr></table>
</div>
</a>
</li>
 <li>
<a onClick="JavaScript:window.open（'/show.asp?id=3440'）" title="2014 校园环境">
<img src="picture/20174181041676.jpg" width="180" height="112" alt="2014 校园环境" />
<div class="hot_info">
<table width="100%" height="100%" border="0" cellspacing="10" cellpadding="0">
<tr><td align="center" valign="middle">
2014 校园环境</td></tr></table>
</div>
</a>
</li>
 <li>
<a onClick="JavaScript:window.open（'/show.asp?id=3439'）" title="学院摄影">
<img src="picture/2017418117727.jpg" width="180" height="112" alt="学院摄影" />
<div class="hot_info">
```

```
<table width="100%" height="100%" border="0" cellspacing="10" cellpadding="0">
<tr><td align="center" valign="middle">
学院摄影</td></tr></table>
</div>
</a>
</li>
 <li>
<a onClick="JavaScript:window.open（'/show.asp?id=3437'）" title="学院效果图掠影">
<img src="picture/20174175925206.jpg" width="180" height="112" alt="学院效果图掠影" />
<div class="hot_info">
<table width="100%" height="100%" border="0" cellspacing="10" cellpadding="0">
<tr><td align="center" valign="middle">
学院效果图掠影</td></tr></table>
</div>
</a>
</li>
</ul>
        </div>
    <!--/iPhotos-->
    </div>
</div>
```

（12）页脚制作，源代码如下：

```
<div class="h40"></div>
<div class="foot min_wid">
<div class="com_wid">
        <div class="copyright">
            <p class="fl">地址：呼伦贝尔市中心城新区规划 3 道街 邮编：021000<br>
招生咨询：(0470) 2283111    2283118<br />
        <a href="http://www.miibeian.gov.cn" target="_blank">蒙 ICP 备 12003315 号</a>
            </p>
      </div>
    </div>
</div>
```

## 6.1.6　知识储备

DOM 包括 document（文档）、object（对象）、model（模型），它提供了对文档结构化的描述，并将 HTML 界面与脚本、程序语言联系起来。DOM 以树形结构表示 HTML 文档。DOM 树形结构图如图 6-3 所示。

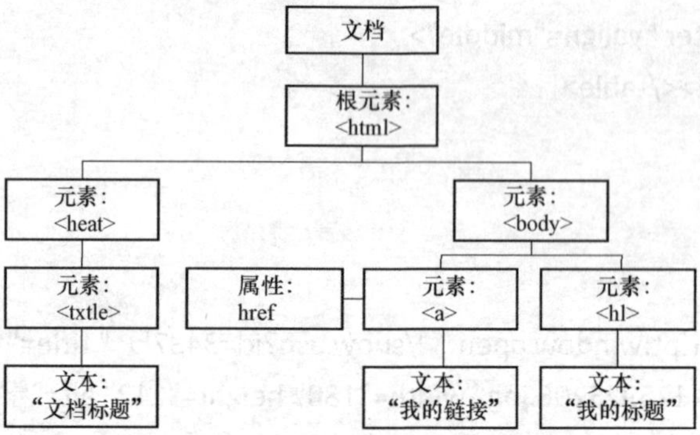


图 6-3　DOM 树形结构图

图 6-3 中，所有的元素内容都是一个节点。其中，<html>是所有内容的根节点，<body>是<h1>和<a>的父节点。<a>下面的分支 href 是标签的属性，在 DOM 中称为属性节点。标签下面的文本是属于该标签内部的文字，在 DOM 中称为文本节点。

DOM 对象就是 JavaScript 操作 DOM 所使用的对象。

**1. 获取元素的方式**

（1）通过 id 查找 HTML 元素。

语法：document.getElementById（　　）。

根据 ID 获取元素，返回一个元素。

（2）通过类名查找　HTML　元素。

语法：document.getElementsByClassName（　　）。

根据 class 名获取元素，返回是一个伪数组。

（3）通过标签名查找　HTML　元素。

语法：document.getElementsByTagName（　　）。

根据标签名获取元素，返回一个伪数组。

（4）根据 name 名获取，一般应用于表单。

语法：document.getElementsByName（　　）。

根据 name 获取元素，返回伪数组，只针对 name 属性有效的标签生效。

（5）querySelector（　　）：用于返回指定选择器的第一个元素对象。

语法：querySelector（"#id 名"）/querySelector（".类名"）/querySelector（"标签"）。

（6）querySelectorAll（　　）：返回指定选择器的所有元素对象集合。

**2. 获取元素的内容**

（1）innerHTML：在赋值的时候，标签会被解析成标签，界面中不会输出，在提取内容时，标签会一并被提取。

（2）innerText：在赋值的时候，标签会被解析成文本，在界面中输出，在提取内容时，标签不会并被提取，只提取文本内容。

（3）value：应用于表单。

**3. 操作元素样式**

操作元素样式的两种方式：一种是操作 style 属性，另一种是操作 className 属性。

1）操作 style 属性

元素对象的样式，可以直接通过“元素对象.style.样式属性名”的方式操作。

① background：背景属性。

② backgroundColor：元素背景色。

③ display：元素的显示类型。

④ fontSize：元素的字体大小。

⑤ textAlign：水平对齐方式。

⑥ textDecoration：文本的修饰。

⑦ textIndent：文本第一行的缩进。

⑧ height：元素的高度。

⑨ listStyleType：列表项标记类型。

2）操作 className 属性

在开发中，如果样式修改较多，可以采取操作类名的方式更改元素样式，语法为“元素对象.className”。

3）获取元素属性

① ele.setAttribute（"属性名"，"属性值"）。

② ele.getAttribute（"属性名"）。

③ ele.removeAttribute（"属性名"）。

**4．节点**

根据 W3C 的 HTML DOM 标准，HTML 文档中的所有内容都是节点：整个文档是一个文档节点，每个 HTML 元素是元素节点，HTML 元素内的文本是文本节点，每个 HTML 属性是属性节点，注释是注释节点。

1）获取元素

① 获取父级节点：obj.parentNode。

② 获取子级节点：childNodes 属性或者 children，firstChild，lastChild。

③ 获取兄弟节点：nextSibling，　previousSibling。

2）创建节点

创造节点语法：document.createElement（'tagName'）。

3）添加和删除节点

① appendChild（　　）方法：用于将一个节点添加到指定父节点的子节点列表末尾。

② insertBefore（child，指定元素）方法：用于将一个节点添加到父节点的指定子节点前面。

③ removeChild（child）方法：用于删除节点，从 DOM 中删除一个子节点，返回删除的节点。

4）替换节点

replaceChild（　　）方法：用于替换 HTML DOM 中的元素。

## 职业技能等级考证提要

1．能够使用 DOM 对象操作网页元素。

2．能够使用 JavaScript 修改网页元素样式。
3．能够使用 JavaScript 事件响应用户的交互操作。

## 职业技能训练

### 1. 单项选择题

（1）下面哪个不是 JavaScript 中 document 对象的方法？（　　）

A. getElementByName　　B. getElementById
C. getElementsByTagName　　D. getElementsByClassName

（2）下列关于 DOM 的描述哪句话是不正确的（　　）。

A. DOM 是万维网联盟 W3C 的标准
B. DOM 定义了访问 HTML 的标准
C. DOM 定义了访问 XML 文档的标准
D. DOM 是 Document Object Model 浏览器对象模型的缩写

（3）下列不是 DOM 查找操作的是（　　）。

A. getElementByld（　　）　　B. getElementsByTagName（　　）
C. appendChild（　　）　　D. getElementsByClassName

（4）下列不属于核心 DOM 的操作的是（　　）。

A. getAttribute（　　）　　B. setAttribute（　　）
C. hasAttribute（　　）　　D. appendChild（　　）

（5）下列哪项是移除属性值？（　　）

A. getAttribute（　　）　　B. removeAttribute（　　）
C. hasAttribute（　　）　　D. appendChild（　　）

### 2. 多项选择题

（1）关于 HTML DOM document 对象错误的是（　　）。

A. 不是每个载入浏览器的 HTML 文档都会成为 document 对象
B. document 对象使我们可以从脚本中对 HTML 界面中的所有元素进行访问
C. document 对象是 Window 对象的一部分，通过 window.document 属性对其进行访问
D. document 对象中 title 属性不可以修改网页的标题

（2）下面哪些是 JavaScript 中 document 的方法?（　　）

A. getElementByld　　B. getElementld
C. getElementsByTagName　　D. getElementName
E. getElementsByClassName

### 3. 判断题

（1）JavaScript 是动态弱类型语言。（　　）
（2）在 JavaScript 编码规范中，建议不在语句结束时使用“;”。（　　）

### 4. 技能实操题

（1）实训“标签栏切换”。

标签栏在网站中的使用非常普遍，它在有限的空间内展示多块的内容，用户可以通过标签在多个内容块之间进行切换，“标签栏切换”效果如图 6-4 所示。

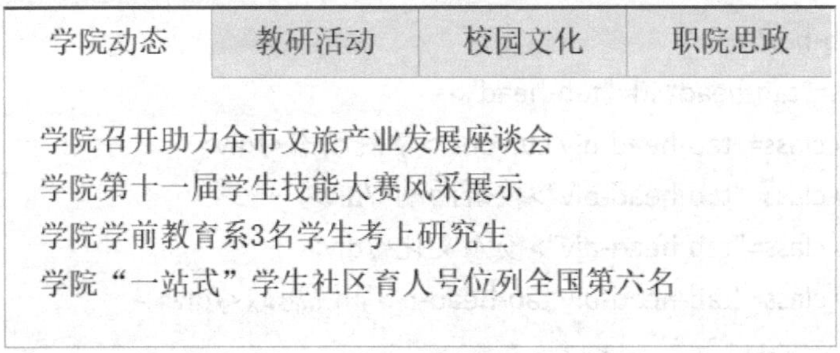


图 6-4 “标签栏切换”效果

（2）实训“列表的增删和移动”。

在实际的项目开发中，经常需要对列表进行操作，例如增加列表项、上下移动列表项显示顺序以及删除列表项等，效果，如图 6-5、图 6-6 所示。

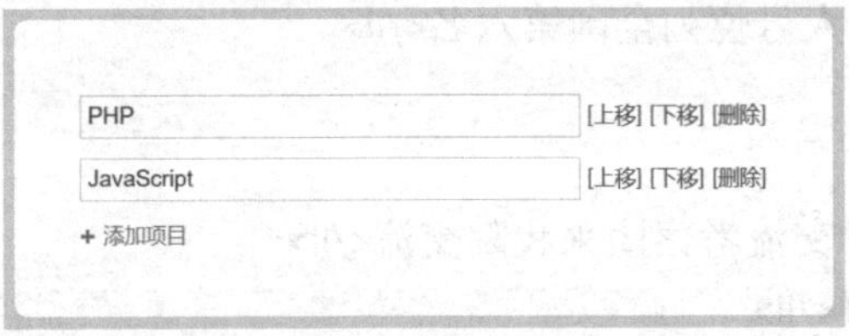


图 6-5 界面效果

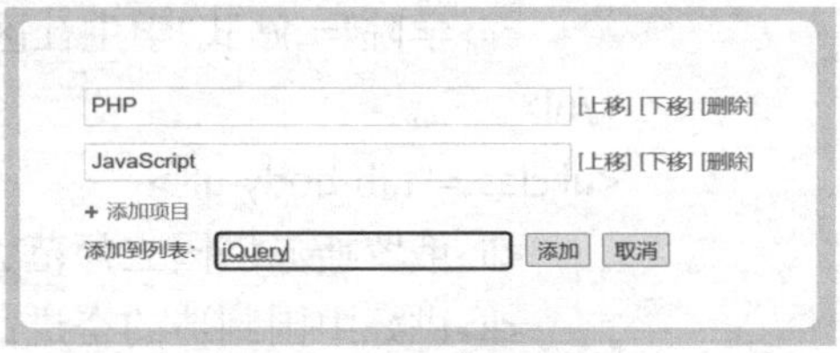


图 6-6 添加项目效果

## 职业技能训练答案

**1. 单项选择题**

（1）A （2）D （3）C （4）D （5）B

**2. 多项选择题**

（1）AD （2）ACE

**3. 判断题**

（1）√ （2）×

**4. 技能实训题**

（1）实训“标签栏切换”，打开项目“tab”。

① 新建 tab.html 文件，源代码如下：

```
<!DOCTYPE html >
<html >
<head>
    <meta charset=utf-8">
    <title>Tab 栏切换</title>
    <link href="tab.css" rel="stylesheet" type="text/css"/>
```

```
    <script type="text/JavaScript" src="tab.js"></script>
</head>
<body>
<div class="tab-box">
    <div class="tab-head" id="tab-head">
        <div class="tab-head-div current">学院动态</div>
        <div class="tab-head-div">教研活动</div>
        <div class="tab-head-div">校园文化</div>
        <div class="tab-head-div tab-head-r">职院思政</div>
    </div>
    <div class="tab-body" id="tab-body">
        <ul class="tab-body-ul current">
            <li>学院召开助力全市文旅产业发展座谈会</li>
            <li>学院第十一届学生技能大赛风采展示</li>
            <li>学院学前教育系 3 名学生考上研究生</li>
            <li>学院"一站式"学生社区育人号位列全国第六名</li>
        </ul>
        <ul class="tab-body-ul">
            <li>俄罗斯赤塔国立师范大学交流考察团来我院交流</li>
            <li>讲好中国制造的奋进故事</li>
            <li>关于申报 2025 年职业教育教学名师、教坛新秀的公示通知</li>
            <li>职业教育:服务学生全面发展和区域经济社会发展</li>
        </ul>
        <ul class="tab-body-ul">
            <li>"致敬青春，不负韶华"主题团日活动</li>
            <li>"中国航天日，向航天英雄致敬"主题分享会</li>
            <li>团委五四原创微电影《遇见青春》</li>
            <li>铸牢中华民族共同体意识</li>
        </ul>
        <ul class="tab-body-ul">
            <li>探寻人生之美，释放未来之光</li>
            <li>家校共育 "心"路起航;</li>
            <li>"思·享"引路人 闪亮登场</li>
            <li>"春风漫卷书香悦读浸润校园"云读书</li>
        </ul>
    </div>
</div>
</body>
</html>
```

②新建 tab.css 样式文件，源代码如下：

```
/*全局控制*/
body{ font-size:14px; font-family:"宋体";}
/*清除浏览器默认样式*/
body，ul，li{list-style:none; margin:0; padding:0; }
/*大 div 样式*/
.tab-box{width:383px;margin:10px;border:1px solid #ccc;border-top:2px solid #206F96;}
/*选项样式*/
.tab-head{height:31px;}
.tab-head-div{width:95px;height:30px;float:left;border-bottom:1px solid
#ccc;border-right:1px solid
#ccc;background:#eee;line-height:30px;text-align:center;cursor:pointer;}
.tab-head .current{background:#fff;border-bottom:1px solid #fff;}
.tab-head-r{border-right:0;}
/*选项内容样式*/
.tab-body-ul{display:none;margin:20px 10px;}
.tab-body-ul li{margin:5px;}
.tab-body .current{display:block;}
```

③新建 tab.js 文件，源代码如下：

```
//加载事件
window.onload = function（）{
//获取所有 tab-head-div
var head_divs = document.getElementById（"tab-head"）.getElementsByTagName（"div"）;
//保存当前焦点元素的索引
var current_index=0;
//启动定时器
var timer = window.setInterval（autoChange， 5000）;

//遍历元素
for（var i=0;i<head_divs.length;i++）{
    //添加鼠标滑过事件
    head_divs[i].onmouseover = function（）{
        clearInterval（timer）;
        if（i != current_index）{
            head_divs[current_index].style.backgroundColor = '';
            head_divs[current_index].style.borderBottom = '';
        }
        //获取所有 tab-body-ul
var body_uls = document.getElementById（"tab-body"）.getElementsByTagName（"ul"）;
```

```
            //遍历元素
            for（var i=0;i<body_uls.length;i++）{
                //将所有元素设为隐藏
    body_uls[i].className = body_uls[i].className.replace（" current"，""）;
    head_divs[i].className = head_divs[i].className.replace（" current"，""）;
                //将当前索引对应的元素设为显示
                if（head_divs[i] == this）{
                    this.className += " current";
                    body_uls[i].className += " current";
                }
            }
        }
        //的鼠标移出事件
        head_divs[i].onmouseout = function（）{
            //启动定时器，恢复自动切换
            timer = setInterval（autoChange，5000）;
        }
    }
    //定时器周期函数-Tab 栏自动切换
    function autoChange（）{
        //自增索引
        ++current_index;
        //当索引自增达到上限时，索引归 0
        if（current_index == head_divs.length） {
            current_index=0;
        }
        //当前的背景颜色和边框颜色
        for（var i=0;i<head_divs.length;i++）{
            if（i == current_index）{
                head_divs[i].style.backgroundColor = '#fff';
                head_divs[i].style.borderBottom = '1px solid #fff';
            }else{
                head_divs[i].style.backgroundColor = '';
                head_divs[i].style.borderBottom = '';
            }
        }
        //获取所有 tab-body-ul
    var body_uls = document.getElementById（"tab-body"）.getElementsByTagName（"ul"）;
        //遍历元素
```

```
        for（var i=0;i<body_uls.length;i++）{
            //将所有元素设为隐藏
    body_uls[i].className = body_uls[i].className.replace（" current"，""）;
    head_divs[i].className = head_divs[i].className.replace（" current"，""）;
            //将当前索引对应的元素设为显示
            if（head_divs[i] == head_divs[current_index]）{
                this.className += " current";
                body_uls[i].className += " current";
            }
        }

    }
    }
```

（2）实训“列表的增删和移动”，在项目“list”中。

① 新建 index.html 文件，制作界面内容，源代码如下：

```
    <!DOCTYPE html>
    <html>
      <head>
        <meta charset="UTF-8">
        <title>列表的增删和移动</title>
        <style>
          body{background:#ddd;text-align:center}
          .list{display:inline-block;margin-top:20px;padding:40px;border-radius:8px;background:
#fff;color:#333;text-align:left;font-size:13px}
          .list-ul{list-style:none;margin:0;padding:0}
          .list-option{padding:6px 0;}
          .list-input{width:300px;border:1px solid #ccc;padding:4px;font-size:14px;color:#333}
          .list-input:hover{background:#effaff}
          .list-btn span{color:#0065A0;;cursor:pointer}
          .list-btn span:hover{text-decoration:underline}
          .list-btn
b{text-align:center;background-color:#D6EDFF;border-radius:6px;width:20px;height:20px;display:i
nline-block;margin:0 2px;cursor:pointer;color:#238FCE;border:1px solid #B3DBF8;float:left}
          .list-bottom{margin-top:5px}
          .list-add-show{color:#f60;cursor:pointer}
          .list-add-show:before{position:relative;top:1px;margin-right:5px;content:"+";font-weig
ht:700;font-size:16px;font-family:arial}
          .list-add-show span:hover{text-decoration:underline}
          .list-add-area{margin-top:5px}
```

```
        .list-add-add{cursor:pointer;margin-left:5px}
        .list-add-cancel{cursor:pointer;margin-left:4px}
        .list-add-input{width:180px;border:1px solid
#ccc;padding:4px;font-size:14px;color:#333}
        .list-add-input:hover{background:#effaff}
        .list-tmp{display:none}
        .list-hide{display:none}
      </style>
    </head>
    <body>
      <form>
        <div class="list">
          <ul class="list-ul">
            <li class="list-option">
              <input class="list-input" type="text" name="list[]">
              <span class="list-btn">
                <span class="list-up">[上移]</span>
                <span class="list-down">[下移]</span>
                <span class="list-del">[删除]</span>
              </span>
            </li>
          </ul>
          <div class="list-bottom">
            <span class="list-add-show"><span>添加项目</span></span>
            <div class="list-add-area list-hide">
              添加到列表：
              <input class="list-add-input" type="text" name="list[]">
              <input class="list-add-add" type="button" value="添加">
              <input class="list-add-cancel" type="button" value="取消">
            </div>
          </div>
        </div>
      </form>
      <script src="SmartList.js"></script>
      <script>
        SmartList（'list'， ['PHP'， 'JavaScript']）；
      </script>
    </body>
  </html>
```

② 新建 SmartList.js 文件，源代码如下：

```
（function（window） {
  /**
   * SmartList 智能列表生成
   * @param {String} prefix 前缀
   * @param {Array} defList 默认项数组
   */
  var SmartList = function（prefix， defList） {
    Find.prototype.prefix = prefix;
    var find = new Find（document.getElementsByClassName（prefix）[0]）;
    var list = new List（find.className（'option'））;
    for（var i in defList） {
      list.add（defList[i]）;
    }
    var add = {
      'show': find.className（'add-show'），
      'area': find.className（'add-area'），
      'input': find.className（'add-input'），
      'add': find.className（'add-add'），
      'cancel': find.className（'add-cancel'）
    };
    add.show.onclick = function（） {
      add.areA、classList.remove（prefix + '-hide'）;
    };
    add.add.onclick = function（） {
      list.add（add.input.value）;
    };
    add.cancel.onclick = function（） {
      add.areA、classList.add（prefix + '-hide'）;
    };
  };
  /**
   * List 生成列表
   * @constructor
   * @param {Object} tmp 模板对象
   */
  function List（tmp） {
    this.tmp = tmp;
    this.obj = tmp.parentNode;
```

```
    this.obj.removeChild（tmp）；
  }
  List.prototype = {
    /**
     * 向列表中添加项目
     * @param {String} value 新项目的文本值
     */
    add: function（value）{
      var tmp = this.tmp.cloneNode（true）；
      // ① 将 value 添加到 list-input 的 value 属性中
      var find = new Find（tmp）；
      find.className（'input'）.value = value;
      var obj = this.obj;
      // ② 为 list-up（上移）添加单击事件
      find.className（'up'）.onclick = function（）{
        var prev = find.prev（）；
        if（prev）{
          obj.insertBefore（tmp，prev）；
        } else {
          alert（'已经是第 1 个'）；
        }
      };
      // ③ 为 list-down（下移）添加单击事件
      find.className（'down'）.onclick = function（）{
        var next = find.next（）；
        if（next）{
          obj.insertBefore（next，tmp）；
        } else {
          alert（'已经是最后 1 个'）；
        }
      };
      // ④ 为 list-del（删除）添加单击事件
      find.className（'del'）.onclick = function（）{
        if（confirm（'您确定要删除？'））{
          obj.removeChild（tmp）；
        }
      };
      // ⑤ 将创建的列表项添加到列表末尾
      this.obj.appendChild（tmp）；
```

```
    }
};
/**
 * Find  查找器
 * @constructor
 * @param {Object} obj  待查找对象所在容器
 */
function Find（obj） {
    this.obj = obj;
}
Find.prototype = {
    prefix: ''，    // 待查找的前缀
    /**
     *  按照 class 查找元素
     * @param {String} className
     */
    className: function（className） {
        return this.obj.getElementsByClassName（this.prefix + '-' + className）[0];
    },
    /**
     *  查找当前元素的前一个兄弟元素节点
     * @returns {Object}  查找结果
     */
    prev: function（） {
        var node = this.obj.previousSibling;
        while（node） {
            if（node.nodeType === Node.ELEMENT_NODE） {
                break;
            }
            node = node.previousSibling;
        }
        return node;
    },
    /**
     *  查找当前元素的后一个兄弟元素节点
     * @returns {Object}  查找结果
     */
    next: function（） {
        var node = this.obj.nextSibling;
```

```
        while (node) {
          if (node.nodeType === Node.ELEMENT_NODE) {
            break;
          }
          node = node.nextSibling;
        }
        return node;
      }
    };
    window['SmartList'] = SmartList;
})(window);
```

## 学习资源

1．电子文档：教学 ppt“模块 6 JavaScript、DOM 和事件”或者教案。
2．附件资料：实训素材。

# 项目 6.2 飞翔小鸟闯关游戏

## 6.2.1 项目效果

首页 index.html 效果图，游戏开始前的界面效果图如图 6-7 所示。游戏开始后的界面效果图如图 6-8 所示。

图 6-7 游戏开始前的界面效果图

图 6-8 游戏开始后的界面效果图

## 6.2.2 项目背景

飞翔小鸟闯关游戏是一款比较流行的数字游戏，本游戏通过单击或者按空格键对小鸟进行上下控制，锻炼游戏玩家的动手动脑能力。根据通过障碍物缝隙来保证游戏得以继续进行，每过一个障碍物加 1 分，通过分数的显示来确定玩家的游戏技能，同时可以形成玩家之间的竞争。

应用所学知识，培养学生的软件设计和开发能力，学生能根据学到的知识灵活应用到场景游戏中，在情境游戏中熟悉歌曲的旋律，感受音乐的魅力，在升级中，体验开发软件的快乐，找寻更为科学快捷的算法来改进游戏，不断加深学生对基础知识的理解，进一步加强学生实践动手的能力，从而体现学生自主学习的创新钻研精神。

利用 DOM 操作、动画效果、键盘事件、鼠标事件等综合实现网页版的小游戏。

## 6.2.3 项目说明

（1）准备相关图片、音效素材。

（2）新建 index.html 文件，制作游戏界面。

（3）使用 JavaScript 编写程序，实现游戏效果。

（4）定义函数，实现场景切换。

（5）定义计时器，完成计分统计。

## 6.2.4 项目规划

项目 6.2 规划导图如图 6-9 所示。

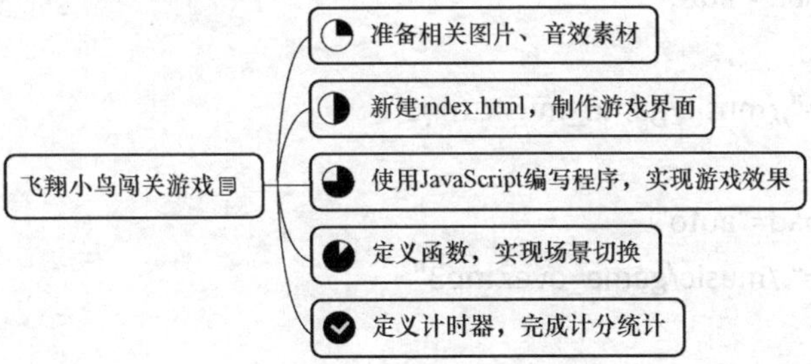


图 6-9　项目 6.2 规划导图

## 6.2.5 项目实施

（1）准备相关图片，如图 6-10 所示。音效素材如图 6-11 所示。

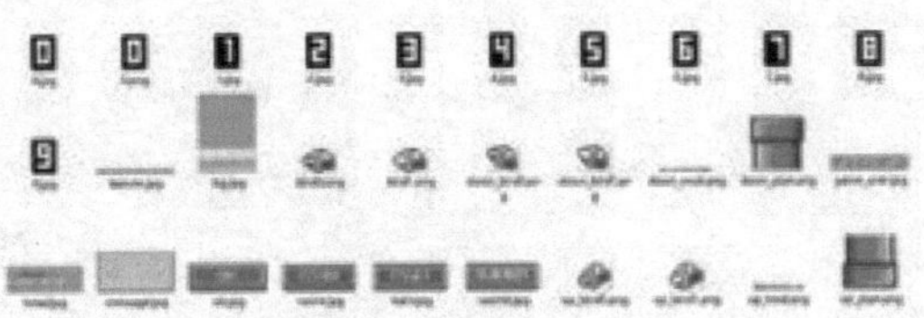

图 6-10　图片素材

图 6-11　音效素材

（2）新建 index.html 文件，源代码如下：

```
<div id="app">
    <!-- 分数显示区，用于显示实时得分，初始值 0 分 -->
    <div id="score">
        <img src="./img/0.jpg" alt="">
        <img src="./img/0.jpg" alt="">
        <img src="./img/0.jpg" alt="">
    </div>
    <img id="bird" src="./img/bird0.png" alt="">
    <!-- 开场动画 -->
    <div class="startAnimate">
        <div class="animate-bird"></div>
    </div>
    <!-- 开始按钮 -->
    <img id="start" src="./img/start.jpg" alt="">
    <!-- 草地 -->
    <div id="banner">
        <img src="img/banner.jpg"/>
        <img src="img/banner.jpg"/>
    </div>
<!-- 音效 -->
    <audio preload="auto"
            loop
            src="./music/game_music.mp3">
    </audio>
    <audio preload="auto"
            src="./music/game_over.mp3">
    </audio>
    <audio preload="auto"
            src="./music/bullet.mp3">
    </audio>
</div>
```

（3）CSS 源代码如下：

```
<style>
        * {
            pading: 0;
            margin: 0;
        }
        body {
```

```
        user-select: none;
}
/* 游戏舞台 */
#app {
        position: relative;
        width: 343px;
        height: 480px;
        background: url（"./img/bg.jpg"）;
        margin: 20px auto;
        overflow: hidden;
}
/*  分数  */
#score {
        position: absolute;
        width: 100%;
        left: 0;
        top: 20px;
        text-align: center;
        font-size: 0;
        z-index: 1;
}
/*  开场动画  */
.startAnimate {
        width: 236px;
        height: 77px;
        background-image: url（"./img/head.jpg"）;
        position: absolute;
        top: 150px;
        left: calc（50% - 118px）;
        animation: startAnimate 1s alternate infinite;
        z-index: 9;
}
@keyframes startAnimate {
        from {
                top: 120px;
        }
        to {
                top: 150px;
        }
```

```
}
.animate-bird {
        position: absolute;
        width: 40px;
        height: 26px;
        background-image: url（"./img/bird0.png"）;
        right: 0;
        top: calc（50% - 13px）;
        animation: bird 1s alternate infinite;
        z-index: 9;
}
@keyframes bird {
        from {
                background-image: url（"./img/bird0.png"）;
        }
        to {
                background-image: url（"./img/bird1.png"）;
        }
}
/*开始按钮*/
#start {
        position: 85px;
        height: 29px;
        position: absolute;
        left: calc（50% - 42.5px）;
        top: 260px;
        cursor: pointer;
        z-index: 9;
}
/*   管道   */
.pipe {
        width: 62px;
        height: 423px;
        position: absolute;
        left: 343px; /*修改为 343*/
        bottom: 57px;
}
.pipe_up {
        position: relative;
```

```
        left: 0;
        top: 0;
        height: 100px;
        background: url（"./img/up_mod.png"） repeat-y;
    }
    .pipe_up img {
        position: absolute;
        bottom: 0;
    }
    .pipe_down {
        position: absolute;
        left: 0;
        bottom: 0;
        height: 223px;
        background: url（"./img/down_mod.png"） repeat-y;
    }
    /*  小鸟  */
    #bird {
        position: absolute;
        left: 30px;
        top: 50px;
        display: none;
        z-index: 10;
    }
    /*草地*/
    #banner {
        position: absolute;
        left: 0;
        top: 423px;
        font-size: 0;
        width: 200%;
    }
    /*死亡*/
    .die {
        transition: 0.5s;
        top: 393px !important;
    }
</style>
```

（4）下面我们进行 JavaScript 代码的编写，通过 DOM 事件控制，实现游戏效果，具体操作代码如下：

```
<script>
var audios = document.querySelectorAll（"audio"）;
    // 获得开场动画元素
    var startAnimate = document.querySelector（'.startAnimate'）;
    // 获得开始按钮
    var start = document.querySelector（'#start'）;
    // 获得小鸟元素
    var bird = document.querySelector（"#bird"）;
    // 获得后台元素
    var app = document.querySelector（"#app"）;
    // 获得分数元素
    var score = document.querySelectorAll（"#score>img"）;
    // 获得草地
    var banner = document.querySelector（"#banner"）;
```

（5）初始化函数，具体操作代码如下：

```
// 向左移动的数值
    banner.distanceLeft = 0;
    // 记录生成管道定时器
    var pipeTimer;
    // 点击按钮
    start.onclick = function（） {
        audios[0].play（）;
        // 重置分数
        score[0].src = score[1].src = score[2].src = "./img/0.jpg";
        // 重置小鸟高度
        bird.style.top = "50px";
        // 清除小鸟样式
        bird.className = null;
        // 隐藏开场动画及开始按钮
        startAnimate.style.display = this.style.display = 'none';
        // 小鸟显示
        bird.style.display = 'block';
        // 小鸟下落速度，正数向下速度，负数为向上速度
        bird.speed = 0;
        // 允许下降最大距离：57 为马路的高度
        bird.distanceMaxDecline = app.clientHeight - 57 - bird.offsetHeight;
        // 是否死亡，初始值为 false
```

```
        bird.isDie = false;
        // 小鸟总分
        bird.scoreSum = 0;
        // 增加定时器
        bird.fly = setInterval（flyInterval.bind（bird），  30）;
        // 管道定时器
        pipeTimer = setInterval（createPipe，  3000）;
        // 草地移动
        banner.timer = setInterval（bannerMove，  30）;
        // 为舞台增加点击事件
        app.onclick = birderRise;
    }
```

（6）单击舞台的处理函数，通过鼠标单击动作控制小鸟飞行高度，具体操作代码如下：

```
function birderRise（）  {
        audios[2].play（）;
        // 小鸟加速度设置为-5，向上飞翔
        bird.speed = -5;
    }
```

（7）定义小鸟飞翔计时器，具体操作代码如下：

```
function flyInterval（）  {
        // 加速度为 0.5
        this.speed += 0.5;
        // 如果速度为正数，则下落，正数上升，设置图片
        this.src = this.speed > 0 ? "./img/down_bird0.png" : "./img/bird0.png";
        // 小鸟下落的距离
        var distanceDecline = this.offsetTop + this.speed;
        // 如果触地则死亡
        if（distanceDecline > this.distanceMaxDecline）  {
            distanceDecline = this.distanceMaxDecline;
            // 小鸟死亡
            this.isDie = true;
        }
        // distanceDecline 不允许小于 0
        if（distanceDecline < 0）  distanceDecline = 0;
        // 设置 top 值
        this.style.top = distanceDecline + "px";
        // 小鸟未亡，检测管道是否与小鸟相撞
        if（!this.isDie）  {
            var pipes = document.querySelectorAll（".pipe div"）;
```

```
        for（var i = 0; i < pipes.length; i++） {
            // 相撞
            if（crashFn（pipes[i]）） {
                bird.isDie = true;
                bird.className = "die";
                break;
            }
        }
    }
```

（8）定义管道创建及移动函数，具体操作代码如下：

```
// 创建管道
    function createPipe（） {
        var pipe = document.createElement（"div"）;
        pipe.className = "pipe";
        pipe.score = 1;// 指定增加分值
        // 上管道宽度
        var upHeight = getRandom（60， 263）;
        // 下管道的高度
        var downHeight = app.clientHeight - 57 - 100 - upHeight;
        pipe.innerHTML = `
            <div style="height:${upHeight}px" class="pipe_up">
                <img src="./img/up_pipe.png" alt="">
            </div>
            <div style="height:${downHeight}px" class="pipe_down">
                <img src="./img/down_pipe.png" alt="">
            </div>
        `;
        // 将创建的管道放置在舞台尾部
        app.appendChild（pipe）;
        // 增加定时器，让管道均速移动
        pipe.moveTimer = setInterval（pipeMove.bind（pipe）， 30）;
    }
    // 管道移动
    function pipeMove（） {
        // 判断小鸟是否死亡
        if（bird.isDie） {
            // 关闭管道移动定时器
            clearInterval（this.moveTimer）
            // 清除管道
```

```
            app.removeChild（this）；
            return;
        }
        // 每次移动 2 像素
        var distance = this.offsetLeft - 2;
        // 让管道开始移动
        this.style.left = distance + "px";
        // 判断管道是否已经移出舞台
        if（distance < -this.offsetWidth）{
            // 移除定时器
            clearInterval（this.moveTimer）；
            // 移除管道
            app.removeChild（this）；
        } else if（distance < -（this.offsetWidth - bird.offsetLeft））{
            // 小鸟过了管道加分
        if（this.score > 0）{
        bird.scoreSum += this.score;
        score[0].src = "./img/" + parseInt（bird.scoreSum / 100）+ ".jpg";
        score[1].src = "./img/" + parseInt（（bird.scoreSum % 100）/ 10）+ ".jpg";
        score[2].src = "./img/" + parseInt（bird.scoreSum % 10）+ ".jpg";
        this.score = 0;
         }
        }
    }
```

（9）通过小草左移，模拟行进视觉效果，具体操作代码如下：

```
function bannerMove（）{
    // 向左移动的数值（距离）+2
    banner.distanceLeft -= 2;
    // 判断最左侧图片是否消失在舞台中
    if（banner.distanceLeft < -app.clientWidth）{
        // 向左移动的距离为 0
        banner.distanceLeft = 0;
        // 将 banner 当中的第一个 DOM 元素放置到 banner 的尾部
        banner.appendChild（banner.firstElementChild）；
    }
    banner.style.left = banner.distanceLeft + "px";
}
```

（10）判断小鸟与管道是否进行了碰撞，具体操作代码如下：

```
function crashFn（pipe）{
    // 相撞：四个条件必须同时满足
```

```
        // bird 与 pipe
        // 1- bird 的右边 大于等于   pipe 的左边
        // 2- bird 的下边 大于等于   pipe 的上边
        // 3- bird 的左边 小于等于   pipe 的右边
        // 4- bird 的上边 小于等于   pipe 的下边
        // bird:
        var birdLeft = bird.offsetLeft;//左边
        var birdRight = birdLeft + bird.offsetWidth;// 右边
        var birdTop = bird.offsetTop;// 上边
        var birdBottom = birdTop + bird.offsetHeight;// 下边
        // pipe
        var pipeLeft = pipe.parentNode.offsetLeft;
        var pipeRight = pipeLeft + pipe.offsetWidth;
        var pipeTop = pipe.offsetTop;
        var pipeBottom = pipeTop + pipe.offsetHeight;
        if（birdRight >= pipeLeft
            && birdBottom >= pipeTop
            && birdLeft <= pipeRight
            && birdTop <= pipeBottom） {
            return true;// 相撞了
        }
        return false;// 没有相撞
    }
```

（11）在管道创建中，调用了随机函数，以实现管道的随机间隔，具体操作代码如下：

```
// 工具函数：生成指定范围的随机整数
    function getRandom（min， max） {
        return Math.floor（Math.random（） *（max - min + 1） + min）;
    }
```

### 6.2.6 知识储备

#### 1. 窗口事件

（1）load 事件：当界面完全加载完之后就会触发 window 上面的事件。

（2）resize 事件：当调整浏览器窗口到新的宽度或者高度时，就会触发 resize 事件。

（3）scroll 事件：文档或者浏览器窗口被滚动期间会触发 scroll 事件。

#### 2. 焦点事件

（1）blur：在元素失去焦点时触发。

（2）focus：在元素获得焦点时触发。

#### 3. 鼠标事件

（1）click：单击或者按 enter 键触发。

（2）dbclick：双击。

（3）mouseenter：经过时。

（4）mouseleave：离开时。

（5）mouseover：经过元素内部时。

（6）mouseout：离开元素时。

（7）mousedown：按下。

（8）mouseup：释放鼠标时。

（9）mousemove：鼠标移动时。

（10）mousewheel：滚轮滚动时。

**4. 键盘事件**

（1）keydown：当用户按下键盘上的任意键时触发，按住不放，会重复触发。

（2）keypress：当用户按下键盘上的字符键时触发，不识别功能键。

（3）keyup：当用户释放键盘上的键时触发。

## 职业技能等级考证提要

1. 能够使用 JavaScript 窗口事件、鼠标事件、键盘和焦点事件处理元素。

2. 能够使用 JavaScript 事件响应用户的交互操作。

## 职业技能训练

**1. 单项选择题**

（1）在 jQuery 中使用哪个关键字绑定事件？（　　）

A. on　　B. bind　　C. call　　D. in

（2）函数中传递的参数 e 有什么作用（　　）。

A. 提供了可以影响事件在 dom 中传递进程的一些方法

B. 提供了网页中的文字信息

C. 提供了网页中的元素

D. 没什么作用

（3）我们可以使用哪个事件对象获取按键的值？（　　）

A. keyCode　　B. client　　C. key　　D. code

**2. 多项选择题**

（1）下面关于 JavaScript 理解不正确的是：（　　）。

A. document. write（）向文档中写入内容，可以写在函数体内

B. JavaScript 是由核心语法，五大核心对象，DOM，BOM 组成

C. alert（），confirm（），info（），item（）都为系统函数

D. JavaScript 中输出在控制台是 out.print

（2）以下关于 JavaScript 中事件的描述中，正确的是：（　　）。

A. mouseOver—鼠标指针移动到事件源对象上时触发的事件

B. mouseOut—鼠标离开事件源对象上时触发的事件

C. click—鼠标单击事件

D. focus—获取焦点事件

（3）关于 JavaScript 事件说法不正确的是（　　）。

A. 事件由事件函数、事件源、事件对象组成

B. 当前事件作用在哪个标签上，哪个标签就是事件源

C. onclick 就是一个事件对象

D. 图片切换使用 JavaScript 的 change 事件

**3. 技能实操题**

某公司开发了一款移动端“智慧物业”网站，为业主和物业搭建便捷平台。对业主方而言，可以查阅相关社区基本信息、物业服务、在线缴费和报事报修等。对物业方而言，可以加强与业主之间的交流，收集业主的意见和建议，与业主在线进行沟通和处理相关物业事宜等。

现在我们需要设计和编写“智慧物业”网站中的“首页”和“报事报修”界面。

项目名称为“IComMobile”，包括首页 index.html、报事报修 repair.html、img 文件夹和 fonts 文件夹，其中，img 文件夹包含界面所需图片资源，fonts 文件夹包含自定义字体。

（1）首页（index.html）内容分为四个部分：一是标题栏，位于界面上端，内容为社区名称，以文字的形式展示。二是轮播图，位于标题栏下方，内容为主题图片，以图片展示。三是功能列表，位于轮播图下方，内容包括社区中心、报事报修、物管窗口、物业交费四个功能，以图片按钮的形式展示。四是底部导航栏，位于界面最下端，内容为导航按钮，每个导航按钮以图标和文字展示。

（2）报事报修界面（repair.html）：内容为一个表单，内容包含“地址”“联系人”“联系电话”“预约时间”“报修详情”五个表单项，每一项必填；以及“保存”按钮和“放弃”按钮，业主在首页上单击“报事报修”进入该界面，填写相关表单信息，单击“保存”按钮提交表单，单击“放弃”按钮则放弃提交当前表单内容。

首页 index.html 效果图如图 6-12 所示。“报事报修”界面效果图如图 6-13 所示。

图 6-12　首页 index.html 效果图

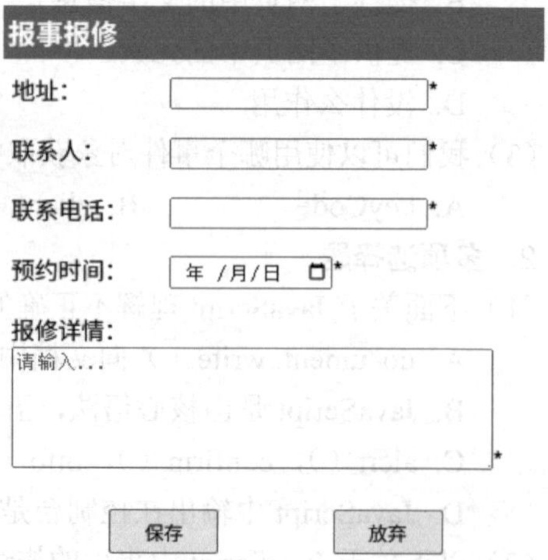


图 6-13　“报事报修”界面效果图

## 职业技能训练答案

1. 单项选择题

（1）B　（2）A　（3）A

2. 多项选择题

（1）ACD　（2）ABCD　（3）BCD

3. 技能实操题

（1）首页 index.html，源代码如下：

```
<!DOCTYPE html>
<html>
<head>
    <meta charset="utf-8">
    <meta name="viewport" content="width=device-width，initial-scale=1.0" />
    <title>首页</title>
    <style type="text/css">
    * {margin: 0;padding: 0;}
    ul，li {list-style: none;}
    /*定义自定义字体*/
    @font-face {font-family: myFont;/*自定义字体名字*/src: url（'font /STFANGSO.TTF'）
    /*自定义字体路径*/}
    header {font-family: myFont;/*使用自定义字体*/font-size: 25px; text-align: center;}
    section ul，footer ul {display: flex;flex-wrap: wrap;}/*弹性布局*/
    section ul li {border-radius: 5px;/*圆角边框*/background-color: #FFFFFF;/*背景颜色*/}
    footer{position: fixed;bottom: 0; width: 100%;border-top: 1px #eee solid;}
    footer ul li {flex: 1;text-align: center;padding-top: 5px;}
    footer ul li a{display: block;font-size: 14px;color: black;}
    footer ul li:first-child{ font-weight: bold;}
    a{text-decoration: none;}
    section div{
        text-align: center;
        margin: 10px 0;
        font-size: 14px;
        }
        section div span{    margin-right: 25px;}
        #slider{    text-align: center;}
        .list_group{    justify-content: center;}
    </style>
</head>
<body>
```

```
        <header>美好生活小区</header>
        <section id="slider"><img src="img/banner.jpg"/></section>
        <section>
            <div><span>物业公告：</span><span>感恩回馈预存有礼</span></div>
            <ul class="list_group">
                <li><a href="#"><img src="img/f1.jpg"/></a></li>
                <li><a href="repair.html"><img src="img/f2.jpg"/></a></li>
                <li><a href="#"><img src="img/f3.jpg"/></a></li>
                <li><a href="#"><img src="img/f4.jpg"/></a></li>
            </ul>
        </section>
        <footer>
            <ul>
                <li><img src="img/nav1.jpg"><a href="index.html">首页</a></li>
                <li><img src="img/nav2.jpg"><a href="#">客服</a></li>
                <li><img src="img/nav3.jpg"><a href="#">我的</a></li>
            </ul>
        </footer>
    </body>
    </html>
```

（2）“报事报修”界面 repair.html，源代码如下：

```
    <!DOCTYPE html>
    <html>
    <head>
        <meta charset="utf-8">
        <meta name="viewport" content="device-width，initial-scale=1.0" />
        <title>报事报修</title>
        <style type="text/css">
            body{margin: 0;padding: 0;}
            h3{margin: 0;padding: 5px;}
            header{background: #767676;color: white;}
            .add div{padding: 2%;}
            .add label{width: 30%; display: inline-block;}
            textarea{ width: 90%;}
            div:after{content: "*";}
            input[type="submit"]，input[type="button"]{
                width: 20%;
                height: 30px;
                margin: 4% 0 0 20%;
```

```
        }
        </style>
    </head>
    <body>
        <header><h3>报事报修</h3></header>
        <article class="add">
    <form action="#" method="get">
    <div><label>地址：</label><input id="address" type="text" required ="required" /></div>
    <div><label>联系人：</label><input id="callName" type="text" required="required"/></div>
    <div><label>联系电话：</label><input id="callNum" type="number"
required="required"></div>
    <div><label>预约时间：</label><input id="time" type="date" required="required"></div>
    <div>报修详情：
    <textarea id="infoDetailed" cols="50" rows="5" placeholder="请输入..."
required="required"> </textarea></div>
    <input type="submit" onclick="return printForm（）" value="保存" />
    <input type="button"   value="放弃" />
    </form>
        </article>
        <script type="text/JavaScript">
            /*duties 构造方法*/
            function duties（） {
            this.data= {address: ""， callName: ""， callNum: ""， time: ""， infoDetailed: ""};
            this.setFormInfo=function（） {
            this.datA、address = document.getElementById（"address"）.value;
            this.datA、callName = document.getElementById（"callName"）.value;
            this.datA、callNum = document.getElementById（"callNum"）.value;
            this.datA、time = document.getElementById（"time"）.value;
            this.datA、infoDetailed = document.getElementById（"infoDetailed"）. value;
                }
            }
            /*实例化 duties 对象*/
            var form1 = new duties（）;
            /*此处通过模拟调试向控制台输出表单输入信息*/
            function printForm（） {
            form1.setFormInfo（）;
            var infoStr = "地址:" + form1.datA、address + "#" + "联系人:" + form1.datA、
callName + "#" + "联系电话:" + form1.datA、callNum +
            "#" + "预约时间:" + form1.datA、time + "报修详情:" + form1.datA、infoDetailed;
```

```
            /*console.log（）是一个向控制台输出结果的方法，参数可以为字符串*/
            console.log（infoStr）;
            }
        </script>
    </body>
    </html>
```

## 学习资源

1. 电子文档：教学 ppt“模块 6 JavaScript、DOM 和事件”或者教案。
2. 附件资料：实训素材。

# 第4篇

# 轻量级框架应用

## 模块 7　jQuery 基础

### 知识目标

1. 了解 jQuery 的基本概念。
2. 掌握 jQuery 选择器的使用。
3. 掌握使用 jQuery 操作元素的 DOM 操作的方法。
4. 掌握使用 jQuery 实现动画效果的方法。

### 技能目标

1. 掌握 jQuery 的下载和引入，熟悉 jQuery 语法和入口函数。
2. 能够根据用户需求灵活选取界面元素，掌握基本选择器和其他选择器的使用。
3. 能够对选择的界面元素进行修改、增加和删除 DOM 操作。
4. 能够灵活应用动画标签实现界面元素的交互效果。

### 素养目标

1. 培养学生具备良好的逻辑思考能力。
2. 培养学生养成耐心细致的态度，掌握基本应用的同时创新操作能力。
3. 树立“自主生产，自主创新”的思想，具备热爱科技创新，敢于创新的精神。

# 项目 7.1 操作表格

## 7.1.1 项目效果

首页 index.html 效果图如图 7-1 所示。

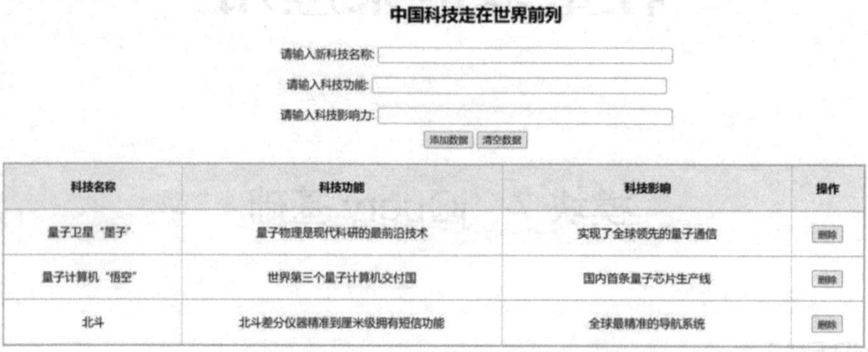


图 7-1 首页 index.html 效果图

输入表单数据，单击“添加数据”按钮后的效果图，如图 7-2 所示。

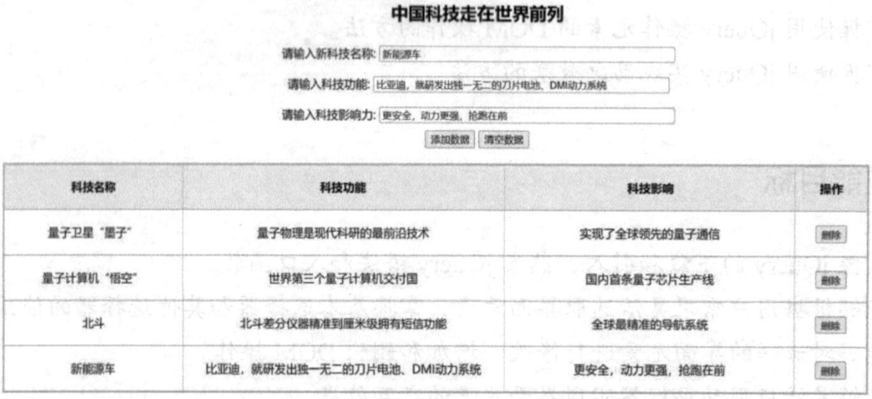


图 7-2 首页 index.html 单击“添加数据”按钮后效果图

## 7.1.2 项目背景

中国科技的迅速发展，在全球范围内受到了极大的关注。中国六大实力强劲的科技成果正在推动着中国经济和社会的发展，促进了中国的经济发展和社会进步。了解中国前沿科技，增强民族自信，激励学生努力学习，科技兴国，利用 jQuery 选择器的添加到表格及表格的 DOM 交互操作制作一个输入中国最新科技数据的界面。

表格能对数据进行清晰的表述，表单可以进行交互信息，将用户输入的数据添加到表格末尾，并根据需要删除表内的数据，用户可以灵活实现数据的修改、增加、删除等操作。

### 7.1.3 项目说明

（1）项目增加表格数据，用户在表单元素中输入内容，单击“添加数据”按钮，实现在表尾添加一行数据，若表单内无数据，则弹出警告信息提示“请将数据填入完整”。

（2）单击表格行内“删除”按钮，可删除所在行数据。

（3）单击“清空数据”按钮，可清空表格。

### 7.1.4 项目规划

项目 7.1 规划导图如图 7-3 所示。

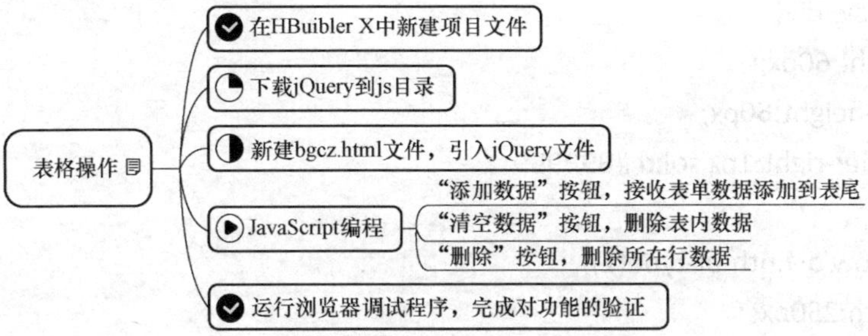


图 7-3 项目 7.1 规划导图

### 7.1.5 项目实施

（1）打开 HBuilderX，单击“视图”菜单下“聚焦到项目管理器”。

（2）在“项目管理器”空白处右击，单击快捷菜单中“新建”和“项目”bgcz。

（3）从素材中找到 jQuery 文件或者从 http://jquery.com 中 download 处，单击“jQuery 文件”，全选复制，选取项目 bgcz 的 js 目录，新建 js 文件，粘贴存盘。

（4）新建 bgcz.html 文件，引入 jQuery 文件。

（5）单击“添加数据”按钮事件。

文件 bgcz. html 源代码如下：

```
<!DOCTYPE html>
<html><head>
    <meta charset="UTF-8">
      <title>jQuery 产品列表</title>
      <style type="text/css">
  body{
    width: 100%;
        text-align: center;
    }
   #dv input{margin:10px auto;width:400px;}
     .main{
         border:2px solid #B9B9B9;
```

```
        width:1200px;
        margin:10px auto;
    }
    .main .row{
     display:flex;
     justify-content:space-between;
     border-top:1px solid #B9B9B9;
     border-bottom:1px solid #B9B9B9;
    }
    .main .row div{
        height:60px;
        line-height:60px;
        border-right:1px solid #B9B9B9;
    }
    .main .row div:nth-of-type(1){
        width:250px;
        display:flex;
        justify-content:center;
        align-items:center;
    }
    .main .row div:nth-of-type(2){
       flex-grow:1;
    }
    .main .row div:nth-of-type(3){
       width:400px
    }
    .main .row div:nth-of-type(4){
       width:100px;
          text-align:center;
    }
   .title{
     text-align:center;
        font-weight:bold;
        background-color:#F0F0F0;
    }
   </style>
   <script type="text/JavaScript" src="js/jquery-3.1.1.js"></script>
   <script type="text/JavaScript">
    function addRow(){
```

```
var name=$("#name").val();
var gn=$("#gn").val();
var yx=$("#yx").val();
 if(name==""||gn==""||yx==""){
 alert("请将数据填入完全");
 return;
}
var tag="";
 tag+="<div class='row'>";
 tag+="<div>"+name+"</div>";
 tag+="<div>"+gn+"</div>";
 tag+="<div>"+yx+"</div>";
 tag+="<div><input type='button' value='删除' onclick='deleteRow(this)'/></div>";
 tag+="</div>";
   $(".main").append(tag);
 }
 function clearAll(){
   $(".row:first").siblings().remove();
 }
 function deleteRow(obj){
  $(obj).parent().parent().remove();
 }
 </script>
</head>
<body>
   <h2 align="center">中国科技走在世界前列</h2>
  <div id="dv">
   请输入新科技名称: <input type="text" value="" id="name"/><br/>
   请输入科技功能:      <input type="text" value="" id="gn"/><br/>
   请输入科技影响力: <input type="text" value="" id="yx"/><br/>
  </div>
   <input id="addBtn" type="button" value="添加数据" onclick="addRow()">
   <input id="addBtn" type="button" value="清空数据" onclick="clearAll()">
   <br><br>
   <div class="main">
    <div class="row">
     <div class="title">科技名称</div>
     <div class="title">科技功能</div>
     <div class="title">科技影响</div>
```

```
        <div class="title">操作</div>
      </div>
    <div class="row">
        <div>量子卫星"墨子"</div>
        <div>量子物理是现代科研的最前沿技术</div>
        <div>实现了全球领先的量子通信</div>
        <div><input type="button" value="删除" onclick="deleteRow(this)"></div>
      </div>
      <div class="row">
        <div>量子计算机“悟空”</div>
        <div>世界第三个量子计算机交付国</div>
        <div>国内首条量子芯片生产线</div>
        <div><input type="button" value="删除" onclick="deleteRow(this)"></div>
      </div>
      <div class="row">
        <div>北斗</div>
        <div>北斗差分仪器精准到厘米级拥有短信功能</div>
        <div>全球最精准的导航系统</div>
        <div><input type="button" value="删除" onclick="deleteRow(this)"></div>
      </div>
    </div>
</body></html>
<script type="text/JavaScript" src="js/jquery-3.1.1.js"></script>
        <script type="text/JavaScript">
          function addRow（）{
        var name=$（"#name"）.val（）;
        var gn=$（"#gn"）.val（）;
        var yx=$（"#yx"）.val（）;
        if（name==""||gn==""||yx==""）{
            alert（"请将数据填入完全"）;
            return;
        }
          var tag="";
          tag+="<div class='row'>";
          tag+="<div>"+name+"</div>";
          tag+="<div>"+gn+"</div>";
          tag+="<div>"+yx+"</div>";
tag+="<div><input type='button' value='删除' onclick='deleteRow（this）' /></div>";
          tag+="</div>";
```

```
            $（".main"）.append（tag）;
        }
```

（6）单击“清空数据”cleaAll 按钮事件的代码如下：

```
function clearAll（）{
            $（".row:first"）.siblings（）.remove（）;
        }
```

（7）单击“删除”按钮事件，代码如下：

```
function deleteRow（obj）{
        $（obj）.parent（）.parent（）.remove（）;
        }
    </script>
```

### 7.1.6　项目拓展

在 index.html 中实现表格头部添加数据。

### 7.1.7　知识储备

1. jQuery 概述

（1）jQuery 简介。

JQuery 是一个 JavaScript 函数库，其也是一个轻量级“写得少，做得多”的 JavaScript 类库。

（2）jQuery 优势。

JQuery 是一款轻量级、强大的选择器，其拥有 DOM 操作的封装，可靠的事件处理机制，完善的 AJAX，以及丰富的插件。

（3）jQuery 安装。

从 jQuery.com 网站下载 jQuery 库，单击“Download”按钮打开一个版本，全选复制，在本地 JavaScript 目录中新建一个 jquery.js 文件，粘贴存盘即可下载完成。jQuery 文件源代码如图 7-4 所示。

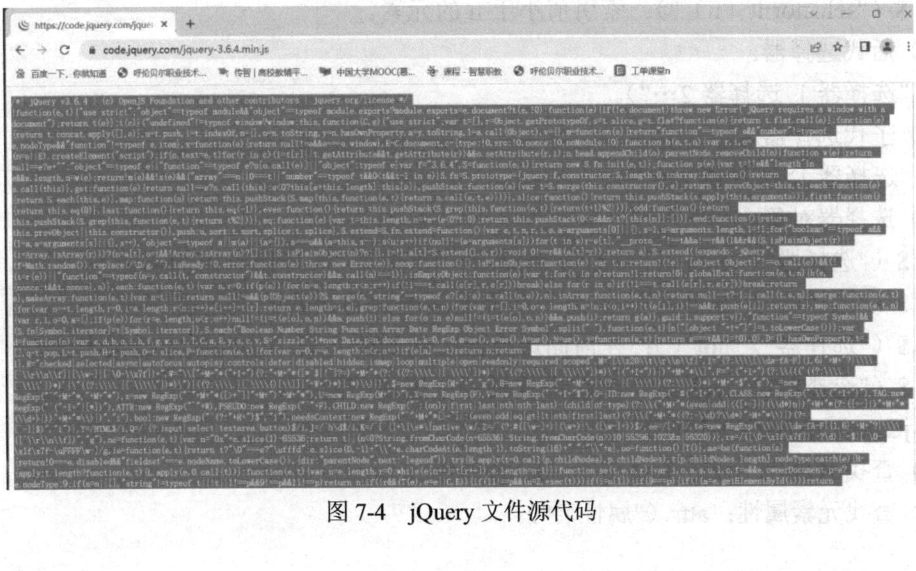


图 7-4　jQuery 文件源代码

（4）JavaScript 文件中引入 jQuery。

```
<script src="jQuery 路径文件"></script>。
```

（5）jQuery 语法。

```
$（selector）.action（　　）
```

jQuery 入口函数。

```
$（document）.ready（function（　　）{　}）
$（function（）{　 }）
```

### 2. jQuery 选择器

（1）id 选择器$（"#id 名"）：选取 id 的元素。

（2）类选择器$（".类名"）：选取类名的元素。

（3）标记选择器$（"标签名"）：选取标签的元素。

（4）所有元素* $（"*"）：选取全部元素。

（5）属性选择器。

① $（"[属性名]"）：匹配包含给定属性的元素。

② $（"[属性名='值']"）：匹配给定的属性的元素。

③ $（"[属性名!='值']"）：匹配给定的属性不是...的元素。

④ $（"[属性名^='值']"）：匹配给定的属性以...开头的元素。

⑤ $（"[属性名$='值']"）：匹配给定的属性以...结尾的元素。

⑥ $（"[属性名*='值']"）：匹配包含给定值的元素。

（6）位置选择器。

① $（"selector:first"）：第一个。

② $（"selector:last"）：最后一个。

③ $（"selector:odd"）：奇数元素。

④ $（"selector:even"）：偶数元素。

⑤ $（"selector:eq（n）"）：索引值为 n 的元素。

⑥ $（"selector:gt（n）"）：索引值大于 n 的元素。

⑦ $（"selector:lt（n）"）：索引值小于 n 的元素。

（7）后代选择器。

$（"选择器 1 选择器 2…"）。

（8）子代选择器。

$（"选择器 1>选择器 2…"）。

（9）选择器对象。

① $（"选择器"）.each（function（index）{this}）：选择器对象的遍历。

② $（"选择器"）.find（）：找前面选择器匹配到的元素的子元素。

③ $（"选择器"）.not（）：在前面选择器匹配到的元素中去除某个或某多个。

④ $（"选择器"）.add（）：在前面选择器中追加节点。

### 3. jQuery 中的 DOM 操作

（1）查找 HTML 元素：text（　　）、HTML（）。

（2）查找元素属性：attr（"属性名"）。

（3）创建 HTML 元素：append（元素名）。

（4）插入 HTML 元素。

① $(A).appendTo（B）方法：将 A 追加到 B 中。

② prepend（）方法：将内容插入到被选元素内部的开始位置。

③ after（）方法：在目标元素之后插入内容。

④ before（）方法：在目标元素之前插入内容。

（5）删除 HTML 元素。

① remove（）方法：从 DOM 中删除被选元素及其子元素。

② empty（）方法：清空选中对象中所有后代 HTML 元素。

（6）复制 HTML 元素：clone（）。

（7）替换 HTML 元素：replace（）。

## 职业技能等级考证提要

1．能够在网页中引入 jQuery。

2．能够使用 jQuery 操作网页元素。

3．能够使用 jQuery 修改网页元素样式。

4．能够使用 jQuery 事件响应用户的交互操作。

## 职业技能训练

### 1. 单项选择题

（1）当 DOM 加载完成后要执行的函数，下面哪个是正确的？（　　）

A. jQuery(callback)　　B. jQuery(HTML, [ownerDocument])

C. jQuery(expression, [context])　　D. jQuery(elements)

（2）在 jQuery 中，能够获取元素内容的 HTML 代码及其文本的方法是（　　）。

A. attr（ ）　　B. val（ ）　　C. text（ ）　　D. HTML（ ）

（3）下面哪种不是 jQuery 的选择器？（　　）

A. 进一步选择器　　B. 后代选择器　　C. 类选择器　　D. 基本选择器

（4）<a href="xxx.jpg" title="开学准备…">新闻</a>，获取<a>元素 title 的属性值。（　　）

A. $（"#a"）.attr（"title"）;　　B. $（"a"）.attr（"title"）.val（）;

C. $（"a"）.attr（"title"）.value;　　D. $（"a"）.attr（"title"）;

### 2. 多项选择题

（1）获取<div id="content">内容…</div>标签里的文本内容。（　　）

A. $（"#content"）.text（）;　　B. $（"#content"）.html（）;

C. $（"#content"）.val（）;　　D. $（"#content"）.innerHTML（）;

（2）下面哪几种是 jQuery 中表单的对象属性？（　　）

A. :checked　　B. : enabled　　C. :hidden　　D. :selected

### 3. 技能实训题

实训“学生管理”，在某界面中实现了一个简易学生管理功能，如图 7-5 所示。具体要求：单击“查看”按钮可以打开模态框查看学生的基本信息，查看后可以单击“关闭”按钮关闭模态框；单击“删除”按钮，弹出提示“确定要删除吗？”，如果选择“确定”，就删除该条数据；选择“取消”就不会删除；项目名称为“student”，包含首页 index.html、js 文件夹，其中 js 文件夹包含 jQuery-3.4.1.js 文件。

| 姓名 | 年龄 | 职位 | 工资 | 操作 |
|---|---|---|---|---|
| 张三 | 23 | 前端工程师 | 6000 | 查看 删除 |
| 李四 | 25 | java工程师 | 8000 | 查看 删除 |
| 王五 | 30 | 项目经理 | 10000 | 查看 删除 |

图 7-5　index.html 界面

单击“查看”按钮，界面效果，如图 7-6 所示。

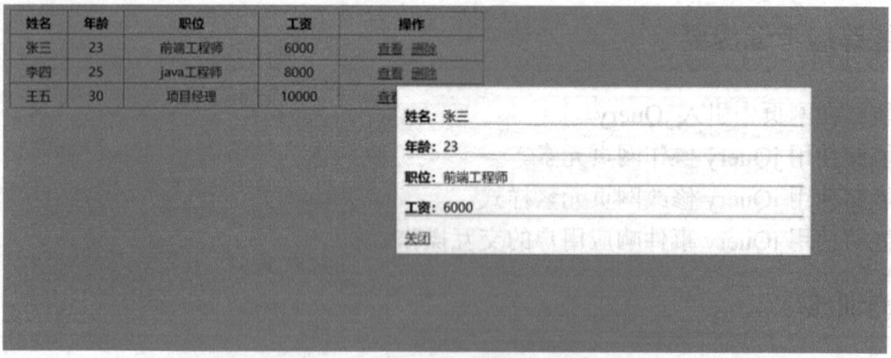


图 7-6　“查看”按钮界面

单击“删除”按钮，界面效果，如图 7-7 所示。

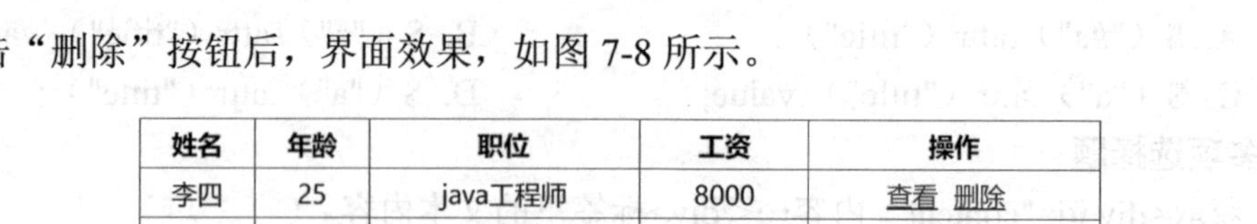


图 7-7　“删除”按钮界面

单击“删除”按钮后，界面效果，如图 7-8 所示。

| 姓名 | 年龄 | 职位 | 工资 | 操作 |
|---|---|---|---|---|
| 李四 | 25 | java工程师 | 8000 | 查看 删除 |
| 王五 | 30 | 项目经理 | 10000 | 查看 删除 |

图 7-8　单击“删除”按钮后界面

## 职业技能训练答案

1. 单项选择题

（1）A　（2）D　（3）A　（4）D

**2. 多项选择题**

（1）AB　　（2）ABD

**3. 技能实训题**

实训“学生管理”，打开项目“student”，新建文件 index.html，源代码如下：

```
<!DOCTYPE html>
<html>
<head>
      <meta charset="UTF-8">
      <title>学生管理</title>
<style type="text/CSS">
#etable{width:600px;border:solid 1px #333; border-collapse:collapse;}
tr
{height:30px;}
th{border:solid 1px #333;}
td{border:solid 1px #333; text-align:center;}
td a{margin-right:10px; color:red}
#popdiv，#popchange{
    width:500px;padding:10px;
    border:solid 1px red;
     position: absolute;
    left:26%;
    top:100px;
    background:#fff;
       display: none      ; /*设置模态框开始是隐藏状态*/
     z-index:999;/*设置模态框显示在最上层*/
}
#popdiv p{border-bottom:solid 1px red}
.mask{
    opacity:0.4;
    background:#000;
    position: absolute;/*设置模态框绝对定位*/
    left:0;top:0;
    width:100%;
    height:650px;
}
</style>
<script src="js/jquery-3.4.1.js" type="text/JavaScript"></script>
<script>
$（function（）{
```

```
var index=-1;
//点击查看
  $（'.view'）.click（function（）{
  $（'<div class="mask"></div）>'）.appendTo（$（'body'））；
  var arr=[];
  $（this）.parent（）.siblings（）.each（function（）  {
       arr.push（$（this）.text（））；
    }）；
  $（'#popdiv'）.show（）.children（）.each（function（i）{
      $（this）.children（'span'）.text（arr[i]）；
      }）；
 }）；
 //关闭
 $（'.close'）.click（function（）{
    $（this）.parent（）.hide（）；
       $（'.mask'）.hide（）; /*隐藏模态框的挡板*/
 }）；
 //删除
 $（'.del'）.click（function（）{
    var conf=confirm（'确定要删除吗？'）；
    if（conf==true）{
$（this）.parents（'tr'）.remove（）；  /*删除数据*/
}
      }）；
}）；
</script>
</head>
<body>
<table id="etable">
  <tr>
    <th>姓名</th>
    <th>年龄</th>
    <th>职位</th>
    <th>工资</th>
    <th>操作</th>
  </tr>
  <tr>
    <td>张三</td>
    <td>23</td>
```

```
            <td>前端工程师</td>
            <td>6000</td>
            <td><a href="#" class="view">查看</a><a href="#" class="del">删除</a></td>
        </tr>
        <tr>
            <td>李四</td>
            <td>25</td>
            <td>java 工程师</td>
            <td>8000</td>
            <td><a href="#" class="view">查看</a><a href="#" class="del">删除</a></td>
        </tr>
        <tr>
            <td>王五</td>
            <td>30</td>
            <td>项目经理</td>
            <td>10000</td>
            <td><a href="#" class="view">查看</a><a href="#" class="del">删除</a></td>
        </tr>
    </table>
    <div id="popdiv">
        <p><strong>姓名：</strong><span></span></p>
        <p><strong>年龄：</strong><span></span></p>
        <p><strong>职位：</strong><span></span></p>
        <p><strong>工资：</strong><span></span></p>
        <a href="#" class="close">关闭</a>
    </div>
    <div id="popchange">
        <p><strong>姓名：</strong><input type="text" id="name" /></p>
        <p><strong>年龄：</strong><input type="text" id="age" /></p>
        <p><strong>职位：</strong><input type="text" id="zhiwei" /></p>
        <p><strong>工资：</strong><input type="text" id="gongzi" /></p>
        <a href="#" class="close">关闭</a>
        <a href="#" class="save">保存</a>
    </div>
    </body>
    </html>
```

## 学习资源

1. 电子文档教学 ppt“模块 7 jQuery 基础”或教案。
2. 附件资料：项目素材。

# 项目 7.2　简易留言板

## 7.2.1　项目效果

初始界面效果图如图 7-9 所示。

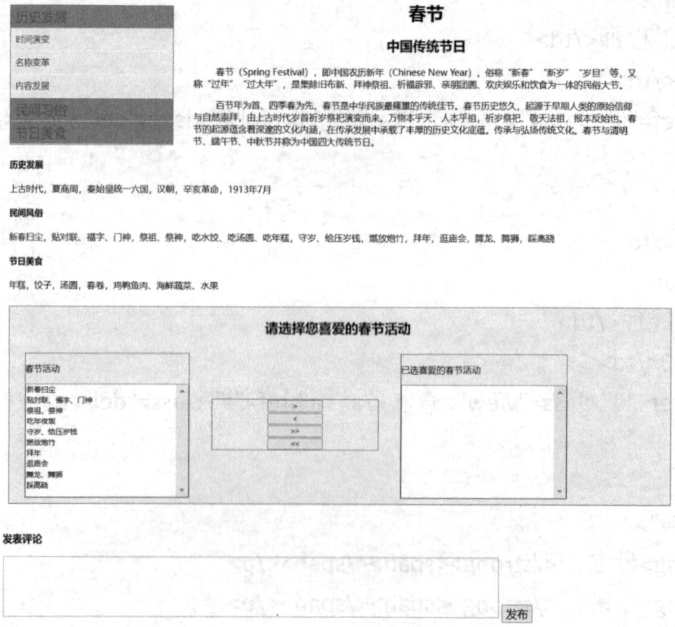


图 7-9　初始界面效果图

交互后界面效果图如图 7-10 所示。

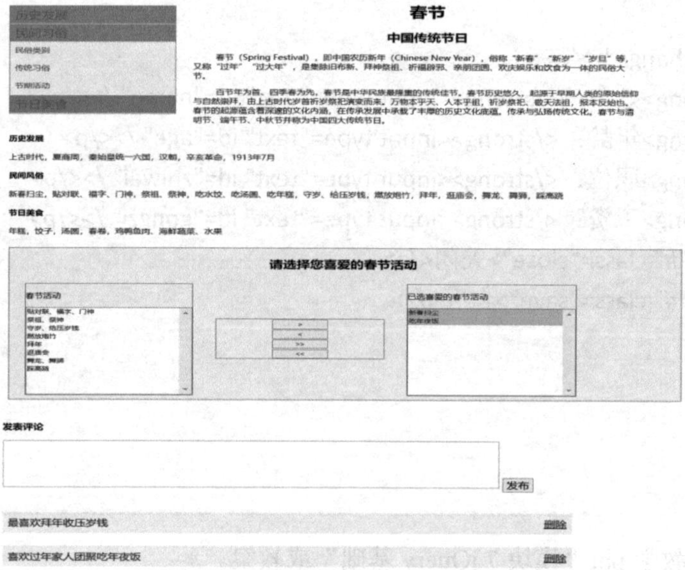


图 7-10　交互后界面效果图

### 7.2.2　项目背景

通过留言板、选项左右移动、折叠菜单等功能的使用，可以实现界面和用户的信息交流，用户根据自身情况和界面进行互动，使得网页更具互动性、实用性和灵活性。

中国四大传统节日，是指中国的春节、清明节、端午节、中秋节。传统节日，是一个国家或民族的历史、文化长期积淀而成为一种情感深厚的庆典的过程。传统节日丰富的民俗，庆祝活动，凝聚着这一国家或民族稳定的心理、情感和祈盼。它是一种文化现象、一种文化标志和民族文化情感的认同。中国传统节日蕴含着中国传统文化的精髓，国家法定休假的传统节日有春节、清明节、端午节和中秋节，这四个节日都各自保留着深厚的文化意蕴。利用 jQuery 的事件绑定，鼠标事件、键盘事件、表单事件和窗口事件等知识制作一个春节习俗互动界面。

### 7.2.3　项目说明

（1）折叠菜单包含春节的历史发展、民间习俗、节日美食等导航菜单，能够节省界面空间。

（2）选项左右移动的使用，增强用户操作的便捷性。

（3）用户可以通过留言板将留言发布在界面上，并可根据需要随时删除，以及互动交流信息。

### 7.2.4　项目规划

项目 7.2 规划导图如图 7-11 所示。

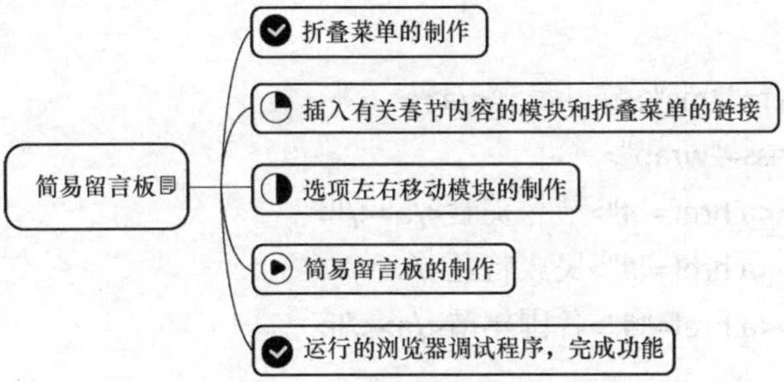


图 7-11　项目 7.2 规划导图

### 7.2.5　项目实施

（1）在 HBuilder 中新建目录“board”。

（2）新建 index.html 文件，设置 body 界面中 header 和 section 的 CSS 样式，在 style 处设置 CSS 样式如下：

```
<style>
header{width:800px;margin:10px auto;text-indent: 40px;}
section{padding-left:30px;}
```

（3）在 body 里 header 标签前插入 id 为“fold”的 div，在 div 里插入 ul 列表，在第一个

li 选项里对“历史发展”做锚点链接，并嵌套类名为“wrap”的 ul 无序列表，里面三个 li 子列表项包括时间演变、名称变革、内容发展。其他两个 li 选项同上建立。

源代码如下：

```
<div id="fold">
    <ul>
        <li>
            <a href="#ls">历史发展</a>
            <ul class="wrap">
                <li><a href="#">时间演变</a></li>
                <li><a href="#">名称变革</a></li>
                <li><a href="#">内容发展</a></li>
            </ul>
        </li>
        <li>
            <a href="#fs">民间习俗</a>
            <ul class="wrap">
                <li><a href="#">民俗类别</a></li>
                <li><a href="#">传统习俗</a></li>
                <li><a href="#">节期活动</a></li>
            </ul>
        </li>
        <li>
            <a href="#ms">节日美食</a>
            <ul class="wrap">
                <li><a href="#">节令美食</a></li>
                <li><a href="#">民族特色</a></li>
                <li><a href="#">各国年节</a></li>
            </ul>
        </li>
    </ul>
</div>
```

（4）插入的 id 名为“fold”的 div 折叠菜单和素材中 header 左右浮动，以节省界面控件，所以在 style 处设置折叠菜单的 CSS 样式，CSS 样式代码如下：

```
ul{list-style:none;padding:0;margin:0;}
        div{width:300px;border:1px solid #515E7B;margin:10px 30px;float:left;}
        div li{background:lightcoral;border-bottom:1px solid #fff;}
        div li a{text-decoration:none; color:royalblue; font-size:24px; height:40px;
line-height:40px; padding-left:10px;}
```

```
div li a:hover{text-decoration:underline;}
.wrap {width:300px;display:none;}
.wrap li{background:lavenderblush ;margin: 0;}
.wrap li a{color:#3B475F;font-size:16px;}
```

（5）在 body 中插入左右移动模块，插入类名为“box”的 div，输入 h2 级标题“请选择您喜爱的春节活动”，插入 id 名为“left”的盒子，使用 select 下拉菜单多选项功能设置春节活动列表。插入 id 名为“opt”的 div，里面使用 input 按钮进行选项。插入 id 名为“right”的 div，里面使用 select 列表项接收移动过来的选项。

源代码如下：

```
<div class="box">
<h2 align="center">请选择您喜爱的春节活动</h2>
  <div id="left">
    <p>春节活动</p>
    <select multiple="multiple">
      <option>新春扫尘</option>
      <option>贴对联、福字、门神</option>
      <option>祭祖、祭神</option>
      <option>吃水饺、吃汤圆、吃年糕</option>
      <option>守岁、给压岁钱</option>
      <option>燃放炮竹</option>
      <option>拜年</option>
        <option>逛庙会</option>
        <option>舞龙、舞狮</option>
          <option>踩高跷</option>
    </select>
  </div>
  <div id="opt">
    <input id="toRight" type="button" value=">"><br>
    <input id="toLeft" type="button" value="<"><br>
    <input id="toAllRight" type="button" value=">>"><br>
    <input id="toAllLeft" type="button" value="<<"><br>
  </div>
  <div id="right">
    <p>已选喜爱的春节活动</p>
    <select multiple="multiple"></select>
  </div>
</div>
```

（6）在 style 处设置左右移动模块的 CSS 样式，CSS 样式源码如下：

```
input[type=button]{width:100px;}
  #opt{margin:90px 10px 0;text-align:center;}
```

```
.box{width:1200px;margin:20 auto;background-color:lavenderblush}
.box div{float:left}
```

（7）在 body 左右移动模块下，插入 id 名为“ly”的 section 简易留言板模块，h3 级标题“发表评论”，多行文本输入框 textarea，发布按钮，其源代码如下：

```
<section id="ly">
    <h3>发表评论</h3>
<textarea ></textarea>
<button>发布</button>
<ul ></ul>
</section>
```

（8）在 style 处设置留言板模块“ly”div 的 CSS 样式，CSS 样式源码如下：

```
#ly{clear: left;margin: 10px auto;padding:20px;}
   #ly textarea { width: 60%; height: 100px;    border: 2px solid pink;
    outline: none;      resize: none; }
  #ly ul {    margin-top: 50px;             }
  #ly ul li { width: 1000px;    padding: 10px;    background-color: lavenderblush;
    font-size: 20px;       margin: 30px 0; color: #0000FF; }
  #ly ul li a{float:right;}
  button{font-size:20px;}
```

（9）引入 jQuery 文件，并进行 jQuery 编程，折叠菜单 jQuery 的代码如下：

```
<script src="jquery-3.4.1.js"></script>
    <script>
      // 默认情况下，显示第一个分类下的菜单
      $（'#fold>ul>li:first'）.find（'.wrap'）.CSS（{display: 'block'}）；
      // 根据用户单击，折叠或展开对应的菜单
      $（'#fold>ul>li'）.click（function（） {
        $（this）.siblings（'li'）.find（'.wrap'）.CSS（{display: 'none'}）；
        $（this）.find（'.wrap'）.CSS（{display: 'block'}）；
      }）；
```

（10）左右移动模块实现的代码如下：

```
//左右移动
  $（'#toRight'）.click（function（） {           // 右移
    $（'#right>select'）.append（$（'#left>select>option:selected'））；
  }）；
  $（'#toLeft'）.click（function（） {           // 左移
    $（'#left>select'）.append（$（'#right>select>option:selected'））；
  }）；
  $（'#toAllRight'）.click（function（） {       // 全部右移
    $（'#right>select'）.append（$（'#left>select>option'））；
```

```
  });
  $('#toAllLeft').click(function() {        // 全部左移
    $('#left>select').append($('#right>select>option'));
  });
```

（11）留言板模块实现的源代码如下：

```
//留言板
  $("button").click(function(){
   var li=$("<li></li>");
   li.html($("textarea").val()+"<a href='JavaScript:;'>删除</a>");
   $("#ly ul").prepend(li);
   $("textarea").val("");
    })

    $("#ly ul").on("click","a",function(){
      $(this).parent().remove();
    })
```

## 7.2.6　项目拓展

在 index.html 中实现鼠标经过折叠菜单中的菜单选项时，菜单选项字体变为粗体，字体变大；离开后恢复原来样式。

## 7.2.7　知识储备

### 1. jQuery 事件的绑定

1）界面载入

Ready(fn)：当 DOM 载入就绪可以查询及操纵时绑定一个要执行的函数。

语法如下：

```
<script>
$(document).ready(function(){})
</script>
```

语法简写方式如下：

```
<script>
$(function(){  })
</script>
```

2）事件绑定

on()：在选择元素上绑定一个或多个事件的事件处理函数。

### 2. 鼠标事件

（1）click() 事件：用户在元素敲击鼠标左键，并在相同元素上松开左键时触发。

（2）dbclick() 事件：在用户完成迅速连续的两次点击之后触发。

（3）mousedown() 事件：在用户敲击鼠标键时触发，跟 keydown 事件不一样，该事件仅在按下鼠标时触发。

（4）mouseup（）事件：在用户松开鼠标时触发，如果在与按下鼠标的元素的相同元素上松开，那么 click 事件也会触发。

（5）hover（）事件：一个模仿悬停事件（鼠标 over 及 out）的方法。

（6）mouseenter（）事件：在鼠标指针穿过被选元素时，会触发 mouseenter 事件。

（7）mouseleave（）事件：鼠标离开被选元素时触发。

（8）mouseover（）事件：不论鼠标指针穿过被选元素或其子元素，都会触发事件。

（9）mouseout（）事件：鼠标离开被选元素时触发。

**3. 键盘事件**

1）键盘事件

（1）keydown：当键盘或按钮被按下时，发生 keydown 事件。

（2）keypress：当键盘或按钮被按下时，发生 keypress 事件。

（3）keyup（）事件：当键盘键被松开时发生 keyup 事件。

（4）event.which 属性：返回指定事件上哪个键盘键或鼠标按钮被按下。

2）键盘事件说明

（1）重复按键。

如果按住某个键，keydown（）事件将被触发一次，但是 keypress（）事件将一直处于触发状态，直到您释放该键为止。

（2）修饰键。

键盘修饰键（ctrl，shift，alt…）将触发 keydown（）事件，但不会触发 keypress（）事件。

（3）ASCII 码。

例如，A = 65 和 a = 97

keydown（）和 keyup（）将显示 a = 65，A = 65（不区分大小写、小写和大写字母将显示相同的值）。KeyDown 和 KeyUP 事件过程可以处理任何不被 KeyPress 识别的击键，例如：功能键（F1~F12）、编辑键、定位键以及任意这些键和键盘换档键的组合等。

keypresss（）将显示 a = 97，A = 65（区分大小写、小写和大写字母将显示不同的值）。如果要捕获实际字符键入，请进行 keypress（）事件。KeyPress 主要用来接收字母、数字等 ANSI 字符。

**4. 表单事件**

1）表单元素

（1）input：匹配所有 input，textarea，select 和 button 元素。

（2）text：匹配所有的单行文本框。

（3）password：匹配所有密码框。

（4）radio：匹配所有单选按钮。

（5）checkbox：匹配所有复选框。

（6）submit：匹配所有提交按钮。

（7）image：匹配所有图像域。

（8）reset：匹配所有重置按钮。

（9）button：匹配所有按钮。

（10）file：匹配所有文件域。

（11）hidden：匹配所有隐藏域。

2）表单对象属性

（1）enabled：匹配所有可用元素。

（2）disabled：匹配所有禁用元素。

（3）checked：匹配所有选中的被选中元素（复选框、单选框等，不包括 select 中的 option 元素）。

（4）selected：匹配所有选中的 option 元素（select 元素用）。

3）表单元素事件

（1）submit（）事件：当提交表单时，会发生 submit 事件。

（2）change（）事件：当元素的值发生改变时，会发生 change 事件。

（3）focus（）事件：当元素获得焦点时触发。

（4）blur（）事件：当元素失去焦点时触发。

**5. 文档窗口事件**

（1）scroll（）事件：当用户滚动指定的元素时，会发生 scroll 事件。

（2）resize（）事件：当调整浏览器窗口的大小时，发生 resize 事件。

## 职业技能等级考证提要

（1）能够在网页中引入 jQuery 事件。

（2）能够使用 jQuery 选择网页元素。

（3）能够使用 jQuery 事件响应用户的交互操作。

## 职业技能训练

**1. 单项选择题**

（1）有这样一个表单元素，想要找到这个 hidden 元素，下面哪个是正确的？（　）

A. hidden　　B. hidden（）　　C. visible（）　　D. visible

（2）下面有关 jquery 事件，描述错误的是（　　）。

A. focus 元素失去焦点

B. load 事件会在界面或图像加载完成后立即发生

C. click 鼠标点击某个对象

D. mousedown 某个鼠标按键被按下

（3）以下 jQuery 选择器语法错误的是（　　）。

A. $（"ul li:eq（0）"）　　B. $（"ul>li"）

C. $（"ul-li"）　　D. $（"ul li"）

**2. 多项选择题**

（1）下面哪几种是 jQuery 中表单的对象属性？（　　）

A. checked　　B. enabled　　C. hidden　　D. selected

（2）下面哪几个不是属于 jQuery 的事件处理？（　　）

A. click（　　）　　B. one（type）

C. change（　　）　　D. bind（type）

3. **技能实训题**

实训“移动端菜单”，某互联网公司开发官网的首页，为了适配移动端，决定菜单采用底部固定形式。首页界面效果图如图 7-12 所示。

项目名称为“menu”，包含首页 index.html、CSS 文件夹、js 文件夹，其中，CSS 文件夹包含 style.css 文件，js 文件夹包含 jquery.min.js 和 index.js。

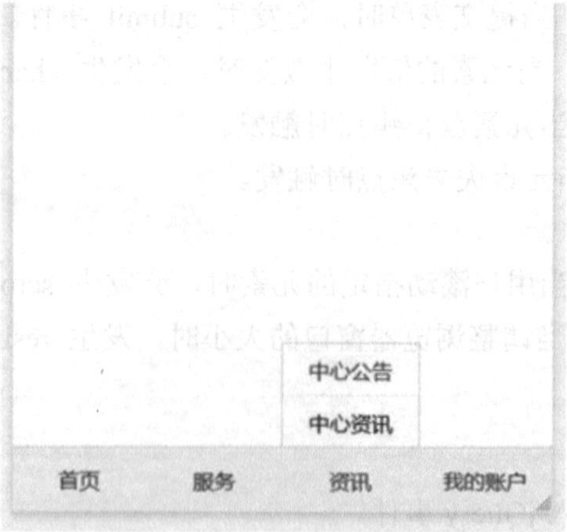


图 7-12　首页界面效果图

## 职业技能训练答案

1. **单项选择题**

（1）A　（2）A　（3）C

2. **多项选择器**

（1）ABD　（2）ABD

3. **技能实训题**

实训“移动端菜单”，打开项目“menu”，新建 index.html 文件，源代码如下：

```
<!DOCTYPE html>
<html>
<head>
    <title>移动端菜单</title>
    <meta charset="utf-8">
    <meta name="viewport" content="width=device-width， initial-scale=1,
maximum-scale=1， user-scalable=no">
    <link rel="stylesheet" href="CSS/style.css">
    <script src="js/jquery.min.js"></script>
```

```
</head>

<body>
    <div class="layout-footer">
        <div class="bottom_nav">
            <a href="">首页</a>
        </div>
        <div class="bottom_nav">
        <div class="layout-submenu">
         <div class="sub_menu" style="border-bottom: 1.5px solid #F2F2F2"><a>项目
</a></div>
         <div class="sub_menu">项目</div>
            </div>
            <a>服务</a>
        </div>
        <div class="bottom_nav">
            <div class="layout-submenu">
            <div class="sub_menu" style="border-bottom: 1.5px solid #F2F2F2"><a>中心
公告</a></div>
            <div class="sub_menu">中心资讯</div>
            </div>
            <a>资讯</a>
        </div>
        <div class="bottom_nav">
            <a>我的账户</a>
        </div>
    </div>
    <script src="js/index.js"></script>
</body>
</html>
```

CSS 文件夹下新建 style.css 文件，源代码如下：

```
a{
    text-decoration: none;
    color:#333;
}
.layout-footer {
    /*固定定位*/
    position:fixed;
```

```
        z-index: 9999;
        /*左边距离 0px，底部距离 0px*/
        left:0px;
        bottom:0px;
        /*实现 flex 布局，主轴对齐方式是两端对齐，项目之间的间隔都相等。*/
        display:flex;
        justify-content:space-evenly;
        width: 100%;
        height: 50px;
        border-top: 1px solid gainsboro;
        color: black;
        text-align: center;
        background-color: #f2f2f2;
}
.bottom_nav {
        width: 25%;
        line-height: 50px;
}
.layout-submenu{
        position: fixed;
        height: 80px;
        width: 25%;
        margin-left: -1px;
        z-index: 9999;
        bottom: 50px;
        border: 1px solid gainsboro;
        text-align: center;
        background-color: white;
        display: none;
}
.sub_menu{
        line-height: 40px;
        vertical-align: middle;
}
.layout-footer .bottom_nav:hover{
        border-left: 1px solid gainsboro;
        border-right: 1px solid gainsboro;
}
```

```
.layout-footer .bottom_nav:hover .layout-submenu{
    display: block;
}
```

## 学习资源

1. 电子文档教学 ppt“模块 7 jQuery 基础”或教案。
2. 附件资料：项目素材。

# 模块 8　jQuery 效果

## 知识目标

1. 掌握 jQuery 标签操作，标签内容、属性、样式操作。
2. 掌握 jQuery 显示/隐藏，淡入/淡出，遮罩层，滑动效果和动画效果操作。
3. 掌握 jQuery 中的常用案例，如图片左右滚动、图片放大效果等案例，能够进行分析并实现效果。

## 技能目标

1. 能够进行思考、分析，学习经典案例的思路和方法，并具备举一反三，灵活运用的能力。
2. 掌握 jQuery 的样式和动画效果应用。

## 素养目标

1. 培养学生具备严谨的工作作风，加强认真、踏实、细心、耐心的编程素养。
2. 培养学生养成规范化、标准化的代码编写习惯，具备工匠精神。
3. 培养学生分析解决问题的能力，增强学生就业竞争力。

# 项目 8.1　企业网站

### 8.1.1　项目效果

index.html 界面效果图如图 8-1 所示。

图 8-1　index.html 界面效果图

## 8.1.2　项目背景

通过下拉滑动菜单、轮播图、手风琴、tab 栏转换、图片滚动效果等交互组件的使用，设计动画特效，增强界面友好性，提高响应实时性，简化 HTML 代码的 jQuery 的交互性功能，打造企业网站首页。

该项目皆在培养学生养成规范化、标准化的代码编写习惯；培养学生分析问题，解决问题的能力；培养学生项目开发的能力；培养学生色彩搭配能力；培养学生具备良好的创新意识、创新精神；提高学生的软件开发实力、增强学生就业竞争力。现利用 jQuery 的事件绑定，鼠标事件、显示/隐藏、淡入/淡出、下滑/上卷、停止等方法制作一个企业网站门户界面。

## 8.1.3　项目说明

（1）使用鼠标事件和滑动效果完成所有下拉子菜单的导航菜单的设计。

（2）搜集整理有关企业文化和企业业务的图片，设计一个 5 张图片的轮播图。

（3）使用手风琴效果展示最新企业业务。

（4）使用 tab 栏切换效果展示企业最新活动和企业最新业务。

（5）使用弹性布局显示企业服务项目。

（6）使用图片滚动效果展示公司的业绩成果。

## 8.1.4　项目规划

项目 8.1 规划导图如图 8-2 所示。

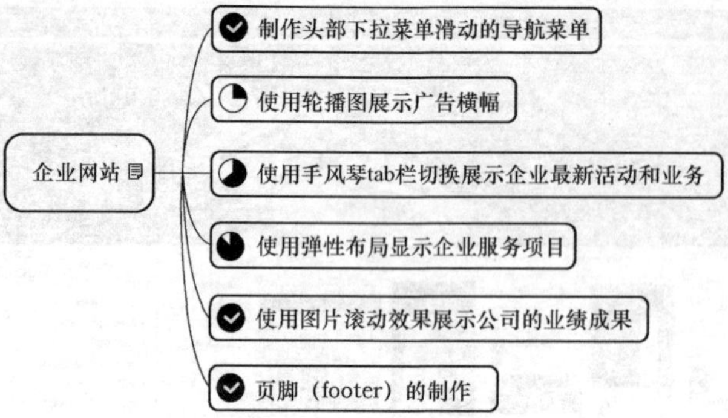


图 8-2　项目 8.1 规划导图

### 8.1.5　项目实施

#### 1. 制作头部下拉菜单滑动的导航菜单

（1）打开素材文件夹“企业网站”，新建 index.html 文件，插入 id 名为“content”的 div，在 div 里输入类为“ul_one”的 ul，定义一级菜单项 6 个 li，以及“网站定制”和“模板定制”的类名为“ul_two”的 ol，在 ol 中定义二级菜单 li 子菜单项。

源代码如下：

```
<!DOCTYPE html>
<html>
<head>
    <meta charset="utf-8">
    <title></title>
    <link type="text/CSS" rel="stylesheet" href="CSS/ys.CSS">
</head>
<body>
<!-- 导航下拉菜单 -->
    <div id="content">
        <ul class="ul_one">
            <li>网站首页</li>
            <li>网站定制
                <ol class="ul_two">
                    <li>企业网站建设</li>
                    <li>教育网站建设</li>
                    <li>电商网站建设</li>
                    <li>移动网站建设</li>
                </ol>
            </li>
            <li>模板定制
                <ol>
                    <li>企业网站建设</li>
```

```
                <li>教育网站建设</li>
                <li>电商网站建设</li>
                <li>移动网站建设</li>
            </ol>
        </li>
        <li>网站优化 </li>
        <li>关于我们 </li>
        <li>联系方式 </li>
    </ul>
</div>
```

（2）打开 CSS 文件夹里的 ys.css 文件，设置导航栏的格式，代码如下：

```
body，ul，ol，li{margin: 0;padding: 0;list-style: none;}
        #content{background: royalblue;font-size:16px;z-index: 100;}
        .ul_one{width: 80%;margin:auto;}
        .ul_one:after{content: '';display: block;clear: both;}
        .ul_one>li{float: left;height:60px;line-height:60px;text-align:center;
width:200px;color: #fff; font-weight: bold;border-right: 2px solid #fff; z-index:100;}
        .ul_one>li:nth-of-type（2），.ul_one>li:nth-of-type（3）{
            background-image:url（"../img/jt.png"）;
            background-repeat:no-repeat;
            background-position:90% 50%;}
        .ul_one>li:hover{background: lightcoral;}
    ol{background:royalblue;width: 200px;display: none;border: 1px solid #fff;}
        ol>li{position: relative;}
```

（3）在 index.html 文件 head 里引入 CSS 文件夹中的 ys.css 文件，应用设置的样式：

```
<link type="text/CSS" rel="stylesheet" href="CSS/ys.css">
```

（4）引入 js 文件夹里的 jquery.js 文件，进行 script 编程：移入当前一级菜单元素的子元素下拉，移出当前元素的子元素上拉。鼠标移入子菜单元素时背景变色，字的颜色设置为白色，移除子元素时恢复原样式，源代码如下：

```
<script src="js/jquery-3.4.1.js"></script>
    <script>
        // 下拉菜单 js 代码
    $（'.ul_one>li'）.hover（function（）{
    //移入当前元素的子元素下拉
    $（this）.children（）.stop（）.slideDown（）;
    }，function（）{
    //移出当前元素的子元素上拉
    $（this）.children（）.stop（）.slideUp（）;
    })
```

```
$（"ol>li"）.hover（function（）{
    $（this）.CSS（{"background":"lightcoral"，"color":"royalblue"}）
}，function（）{
    $（this）.CSS（{"background":""，"color":""}）
})
</script>
```

2. **使用轮播图展示广告横幅**

（1）在 index.html 文件中，输入类名为“banner”的 div，设置 div 行内样式的层级为-999，定位为相对，这是为了让下拉菜单的子菜单元素显示在最上层，输入类名为“hot”的 ul，在 ul 中输入 5 个 li 来插入图片。

（2）输入类名为“dot”的 ul 小圆点，第一个 li 类名为“on”。共 5 个 li 元素。

（3）输入类名为“arrow”的 div，在 div 中插入 span 类“prev”，span 类“next”。

源代码如下所示：

```
<!-- 轮播图 -->
    <div class="banner" style="z-index:-999;position:relative;">
      <ul class="hot">
        <!--轮播图-->
        <li><a href="#"><img src="img/1.png" ></a></li>
        <li><a href="#"><img src="img/2.png" ></a></li>
        <li><a href="#"><img src="img/3.png" ></a></li>
        <li><a href="#"><img src="img/4.png" ></a></li>
        <li><a href="#"><img src="img/5.png" ></a></li>
      </ul>
      <!--小圆点-->
      <ul class="dot"><li class="on"></li><li></li><li></li><li></li><li></li></ul>
      <!-- 左右翻页箭头-->
            <div class="arrow"><span class="prev">&lt;</span>
  <span class="next">&gt;</span> </div>
    </div>
```

（4）在 ys.css 文件中，设置轮播图样式，源代码如下：

```
/* 热点图样式 */
.banner{position:relative;overflow:hidden;margin:10px uto;width:1800px;height:400px;}
.banner ul{margin:0;padding:0;list-style:none;}
.hot{position:absolute;top:0;left:0;}
.hot li{float:left;}
/* 小圆点样式 */
.dot{position:absolute;bottom:10px;width:100%;text-align:center;font-size:0;}
.dot li{display:block;display:inline-block;margin:0
5px;width:15px;height:15px;border-radius:100%;background:rgba（145，144，
```

```
144, .5）;cursor:pointer;}
    .dot .on{background-color:#fff;}
    /* 左右翻页箭头样式 */
    .arrow{display:none;}
    .arrow span{display:block; width:50px; height:100px; background:rgba(0,0,0,.6); color:#fff;
text-align:center; font-size:40px; line-height:100px; cursor:pointer;}
    .arrow .prev{position:absolute;top:50%;left:0;margin-top:-50px;}
    .arrow .next{position:absolute;top:50%;right:0;margin-top:-50px;}
```

（5）在 index.html 中引入独立实现轮播图的 case04.js 文件。其源代码如下：

```
<script src="case04.js"></script>
```

（6）新建 case04.js 文件，复制列表中的第一个图片，追加到列表最后，设置 ul 的宽度为图片张数 * 图片宽度。具体操作代码如下：

```
$（function（） {
  var i = 0;                    // 当前显示的图片索引
  var timer = null;        // 定时器
  var delay = 1000;         // 图片自动切换的间隔时间
  var width = 1800;           // 每张图片的宽度
  var speed = 400;          // 动画时间
  var firstimg = $（'.hot li'）.first（）.clone（）;
  $（'.hot'）.append（firstimg）.width（$（'.hot li'）.length * width）;
  // 1. 设置周期计时器，实现图片自动切换
  timer = setInterval（imgChange,   delay）;
  // 2. 鼠标移入，暂停自动播放，移出，开始自动播放
  $（'.banner'）.hover（function（） {
    clearInterval（timer）;
  }, function（） {
    timer = setInterval（imgChange,   delay）;
  }）;
  // 3. 鼠标划入圆点
  $（'.dot li'）.mouseover（function（） {
    i = $（this）.index（）;
    $（'.hot'）.stop（）.animate（{left: -i * width},   200）;
    dotChange（）;
  }）;
  // 4. 设置左右切换的箭头显示和隐藏
  $（'.banner'）.hover（function（） {
    $（'.arrow'）.show（）;
  }, function（） {
    $（'.arrow'）.hide（）;
```

```
});
//5. 向右箭头
$('.next').click(function() {
    imgChange()
});
//6. 向左箭头
$('.prev').click(function() {
    --i;
    if(i == -1) {
        i = $('.hot li').length - 2;
        $('.hot').CSS({left: -($('.hot li').length - 1) * width});
    }
    $('.hot').stop().animate({left: -i * width}, speed);
    dotChange();
});
// 自动切换图片
function imgChange() {
    ++i;
    isCrack();
    dotChange();
}
// 无缝轮播
function isCrack() {
    if(i == $('.hot li').length) {
        i = 1;
        $('.hot').CSS({left: 0});
    }
    $('.hot').stop().animate({left: -i * width}, speed);
}
// 自动切换对应的圆点
function dotChange() {
    if(i == $('.hot li').length - 1) {
        $('.dot li').eq(0).addClass('on').siblings().removeClass('on');
    } else {
        $('.dot li').eq(i).addClass('on').siblings().removeClass('on');
    }
}
});
```

### 3. 使用手风琴效果和 tab 栏切换展示企业最新业务和活动

（1）在 index.html 中，手风琴效果：输入 id 名为“qh”的 div，div 里输入 id 名为“sfq”的 div，在“sfq”div 中输入类名为“menu”的 ul，插入 5 个图片。

（2）tab 栏切换：输入 id 名为“tab”的 div，ul 里两个 li 选项，作为 tab 栏元素，再建立两个 div，分别容纳选项内容。

源代码如下：

```
<!-- 手风琴和 tab 栏切换 -->
    <div id="qh">
    <div id="sfq">
    <ul class="menu">
        <li><img src="img/sfq1.png" alt=""></li>
        <li><img src="img/sfq2.png" alt=""></li>
        <li><img src="img/sfq3.png" alt=""></li>
        <li><img src="img/sfq4.png" alt=""></li>
        <li><img src="img/sfq5.png" alt=""></li>
    </ul>
    </div>
    <!-- tab 栏切换 -->
    <div id="tab">
        <ul id="ul1">
            <li class="cur">最新活动</li>
            <li>企业专区展示</li>
        </ul>
        <div id="div0">
            <ul>
                <li><a href="">腾讯云 CloudPages-体验版</a></li>
                <li><a href="">SaaS 建站零基础体验专区</a></li>
                 <li><a href="">电商网站-体验版</a></li>
                 <li><a href="">域名+解析+网站建设</a></li>
            </ul>
        </div>
        <div id="div1" style="display:none; ">
            <ul>
                <li><a href="">企业上云优惠商城</a></li>
                <li><a href="">跨境电商场景解决方案</a></li>
                 <li><a href="">CDN&音视频通信场景购</a></li>
                 <li><a href="">拖曳式操作  会打字就能建站</a></li>
                 <li><a href="">长短视频一体化解决方案</a></li>
                 <li><a href="">中小企业免费注册 CN|中国</a></li>
```

```
                </ul>
            </div>
        </div>
    </div>
```

（3）在 ys.css 文件中，设置手风琴和 tab 栏切换的 CSS 样式，源代码如下：

```
/*手风琴*/
        #qh{width:1800px;margin: 10px auto;}
        #sfq{float: left;margin: 10px 10px 0px;}
        #sfq>ul{width: 1200px;height: 400px;border: 4px solid lightblue;list-style:
none;padding: 0;overflow: hidden;}
        #sfq>ul>li{      float: left;width:160px;}
        /* tab 栏切换 */
        #tab{width:500px;float: left;margin-left:60px;}
        #tab #div0，#div1{border:4px solid skyblue;height: 350px;}
        #div0 ul，#div1 ul{padding:20px 40px;}
        #div0 ul li，#div1 ul li{height: 40px; line-height: 40px;list-style:disc;}
        #ul1{list-style:none;overflow:hidden;height:60px;line-height:60px;}
    #ul1 li{width:250px;height:60px;line-height:60px;text-align:center;font-weight:bold;float:left;}
        #ul1 li.cur{background:skyblue;color: #fff;}
```

（4）在 index.html 中，jQuery 编程完成手风琴和 tab 栏切换功能，源代码如下：

```
<!-- 手风琴 -->
    <script>
    $（'#sfq>ul>li'）.hover（function（）{
$（this）.stop（）.animate（{width:1000}，400）.siblings（）.stop（）.animate（{width:50}，
400）}，function（）{$（this）.stop（）.animate（{width:200}，400）.siblings（）.stop（）.animate
（{width:200}，400）    }）
    </script>
    <!-- // tab 切换 -->
    <script>
    $（"#tab>#ul1>li"）.each（function（index）{
            //index 是每个 li 的索引下标
            $（this）.mouseenter（function（）{
            $（"#div0，#div1，#div2"）.CSS（'display'，'none'）；
            //index 也是 div 的索引下标
            $（"#div"+index）.CSS（'display'，'block'）；
            //将每个 li 的 cur 样式去掉
            $（"#tab>#ul1>li"）.removeClass（'cur'）；
            $（"#tab>#ul1>li:eq（"+index+"）"）.addClass（'cur'）；
            }）；
```

```
        })
    </script>
```

**4. 使用弹性布局显示企业服务项目**

（1）插入一个 section 类名为“itemList”，里面输入四个类名为“item”的 div，div 中一个 h2 标题及公司业务介绍的自然段，源代码如下：

```
<!--服务选项-->
<section class="itemList">
<div class="item">
  <h1>企业网站建设</h1>
  <b>适用人群：</b>公司刚成立或者需要展示企业和产品的客户<br>
      <b>定制特点：</b>设计师量身定制独特的首页效果，强大的后台智能管理<br>
  <b>主推套餐：</b><span>（企业型）</span><br>
  <div>了解详情</div>
</div>
  <div class="item">
  <h1>品牌网站建设</h1>
  <b>适用人群：</b>公司需要突出品牌形象创造新颖时代感觉<br>
  <b>定制特点：</b>设计师量身定制独特的首页效果，内页栏目效果，强大后台<br>
  <b>主推套餐：</b><span>（品牌型）</span><br>
  <div>了解详情</div>
  </div>
  <div class="item">
    <h1>商务网站建设</h1>
    <b>适用人群：</b>B2C、B2B、P2P 等商城型会员管理和订单管理系统<br>
 <b>定制特点：</b>设计师量身定制独特的商城网站首页，内页效果，强大后台<br>
     <b>主推套餐：</b><span>（商务型）</span><br>
     <div>了解详情</div>
    </div>
    <div class="item">
      <h1>模板网站建设</h1>
      <b>适用人群：</b>公司刚成立或者需要展示企业和产品的客户<br>
      <b>定制特点：</b>选择性多、价格实惠、即时开通、即时上线<br>
      <b>主推套餐：</b><span>（模板型）</span><br>
      <div>了解详情</div>
     </div>
    </section>
```

（2）新建 ys.css 样式文件，设置 section 片段的格式，源代码如下：

```
/*水平弹性布局*/
.itemList{width:70%; min-width:1100px;margin:0px auto;
```

```
display:flex;justify-content:space-between;}
.item{width:20%;line-height:25px;}
.item span{color:#7DB0E4;}
.item div{border:1px solid #CCCCCC;border-radius:5px;
width:150px;line-height:30px;text-align:center;margin-top:10px;cursor:pointer;}
.item div:hover{background-color:#FF0066;color:#FFFFFF;}
```

**5. 使用图片滚动效果展示公司的业绩成果**

（1）在 index.html 中，输入类名为“workList”片段，源代码如下：

```
<!--最新案例-->
    <section class="workList">
        <div class="work">
            <img src="img/latest.png">
            <div class="view-box">
                <div id="move-box" style="left: -55px;">
                    <div><img src="img/zishA、jpg"><br>万新茶庄</div>
                    <div><img src="img/wxwj.jpg"><br>我享我家</div>
                    <div><img src="img/ikongjian.jpg"><br>爱空间装潢</div>
                    <div><img src="img/qlzai.jpg"><br>巧乐仔汉堡</div>
                    <div><img src="img/meizz.jpg"><br>美滋滋.私厨</div>
                    <div><img src="img/vmen.jpg"><br>威曼国际服饰有限公司</div>
                    <div><img src="img/wanguo.jpg"><br>万国金融</div>
                    <div><img src="img/sanqi.jpg"><br>三其精品家居商场</div>
                    <div><img src="img/milian.jpg"><br>米恋网-交友平台</div>
                    <div><img src="img/huangmA、jpg"><br>黄马商务咨询</div>
                    <div><img src="img/zishA、jpg"><br>万新茶庄</div>
                    <div><img src="img/wxwj.jpg"><br>我享我家</div>
                    <div><img src="img/ikongjian.jpg"><br>爱空间装潢</div>
                    <div><img src="img/qlzai.jpg"><br>巧乐仔汉堡</div>
                    <div><img src="img/meizz.jpg"><br>美滋滋.私厨</div>
                    <div><img src="img/vmen.jpg"><br>威曼国际服饰有限公司</div>
                    <div><img src="img/wanguo.jpg"><br>万国金融</div>
                    <div><img src="img/sanqi.jpg"><br>三其精品家居商场</div>
                    <div><img src="img/milian.jpg"><br>米恋网-交友平台</div>
                    <div><img src="img/huangmA、jpg"><br>黄马商务咨询</div>
                </div>
            </div>
        </div>
    </section>
```

（2）在 ys.css 中，设置图片滚动样式，源代码如下：

```
.workList{width:1800px;min-width:1100px;margin:20px auto; padding-top:20px;
padding-bottom:10px;}
.work{width:100%;margin:0px auto;background-image:url（"img/bigmore.png"）;
background-repeat:no-repeat;background-position:right top;}
.view-box{width:100%;position:relative;height:230px;overflow:hidden; margin-top:20px;}
#move-box{width:5600px;position:absolute;left:0px;display:flex;}
#move-box div{text-align:center;margin-right:20px;cursor:pointer; opacity:0.7;}
#move-box div:hover{ opacity:1;}
#move-box img{border-radius:10px;}
```

（3）在 index.html 中，jQuery 编程实现图片滚动效果，源代码如下：

```
<!-- 图片滚动 -->
    <script>
    $（function（）{
        //设置最新案例显示内容
            var str = $（"#move-box"）.html（）;
            $（"#move-box"）.html（str+str）;

            //最新案例，添加 mouseover 事件
            $（"#move-box"）.mouseover（function（）{
                window.clearTimeout（t）;
            }）;

            //最新案例，添加 mouseout 事件
            $（"#move-box"）.mouseout（function（）{
                moveWork（）;
            }）;
        //调用最新案例动画
        moveWork（）;
    }）;
    //最新案例动画
        function moveWork（）{
            var left = $（"#move-box"）.CSS（"left"）;
            left = parseFloat（left.replace（"px"，""））;
            left -= 1;
            left = left<=-2800?0:left;
            $（"#move-box"）.CSS（"left"，left+"px"）;

            t = window.setTimeout（moveWork，10）;
        }
    </script>
```

**6. 页脚（footer）的制作**

（1）index.html 文件中，footer 的源代码如下：

```
<!--版权-->
    <footer>
 广告服务 | 联系我们 | 招聘信息 | 网站律师 |  通行证注册 | 产品答疑<br>
  Copyright 2006-2023 All Rights Reserved<br>
    </footer>
```

（2）在 ys.css 文件中，footer 样式代码如下：

```
footer{width:100%;min-width:1100px;background-color:royalblue;line-height:40px;
text-align:center;color:#FFFFFF;}
```

## 8.1.6　知识储备

**1. jQuery 容器适应元素及浏览器窗口的宽度和高度**

（1）$（选择器）.width（），$（选择器）.height（）：元素里面内容的宽度和高度。

（2）$（选择器）.innerWidth（），$（选择器）.innerHeight（）：加上内边距的宽度和高度。

（3）$（选择器）.outerWidth（），$（选择器）.outHeight（）：加上内边距的宽度和高度及边框。

**2. jQuery 标签操作**

（1）标签内容操作。

① $（选择器）.text（）方法：用于获取或者设置元素的文本内容。

② $（选择器）.html（）方法：用于获取或者设置元素的 HTML 内容。

③ $（选择器）.val（）方法：用于获取或者设置表单元素的 value 内容。

（2）标签属性操作。

$（选择器）.attr（属性名）方法：用于设置元素的属性。

（3）标签样式操作性。

① $（选择器）.CSS（样式属性名）方法：用于修改被选择元素的简单样式。

② $（选择器）.addClass（类别名）方法：用于向被选元素添加一个或多个类名。

③ $（选择器）.removeClass（类别名）方法：用于移除选择元素的一个或多个类名。

④ $（选择器）.toggleClass（类别名）方法：用于添加/移除被选择元素的某个类。

## 职业技能等级考证提要

1．能够使用 jQuery 标签操作为界面添加效果。

2．能够使用 jQuery 事件响应用户的交互操作。

## 职业技能训练

**1. 单项选择题**

（1）当 DOM 加载完成后要执行的函数，下面哪个是正确的?（　　）

A. jQuery（HTML，[ownerDocument]）

B. jQuery（callback）

C. jQuery（expression，　[context]）

D. jQuery（elements）

（2）如果需要匹配包含文本的元素，用下面哪种来实现?（　　）

A. text（）　　B. input（）

C. contains（）　　D. attr（name）

（3）有这样一个表单元素，想要找到这个 hidden 元素，下面哪个是正确的?（　　）

A. hidden（）　　B. hidden

C. visible　　D. visible（）

（4）界面有一个<input type="text" id="name" name="name" value=""/>元素，动态设置该元素的值。正确的选项是（　　）。

A. $（"#name"）.val（"动态设值"）;　　B. $（"#name"）.text（"动态设值"）;

C. $（"#name"）.html（"动态设值"）;　　D. $（"#name"）.value（"动态设值"）;

**2. 多项选择题**

（1）下面哪几个不属于 jQuery 的事件处理?（　　）

A. click（）　　B. change（）

C. bind（type）　　D. one（type）

（2）下列关于 jQuery 动画，正确的说法是（　　）。

A. 可以使用 hide（）和 show（）方法来隐藏和显示元素

B. fadeln（）用于淡入已隐藏的元素

C. fadeOut（）用于淡出可见元素

D. slideToggle（）用于以滑动方式显示隐藏的元素

（3）下面哪几种是 jQuery 中表单的对象属性?（　　）

A. hidden　　B. selected　　C. enabled　　D. checke

**3. 技能实训题**

（1）实训“tab 栏切换”，某网页采用 tab 栏切换选项卡节省界面空间，项目名称为“tab”，如图 8-3 所示，包含首页 index.html、jquery.min.js 两个文件。

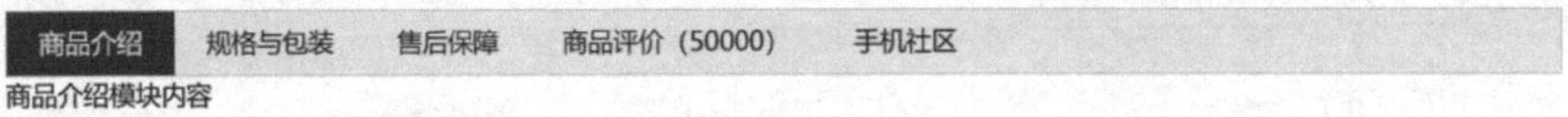


图 8-3　tab 栏切换

（2）实训“手风琴”，某公司要制作自己的官网首页，经过研究，侧边栏采用手风琴菜单效果。现在我们需要编写该网站效果图部分的代码，如图 8-4 所示。

项目名称为“accordion”，包含首页 index.html、CSS 文件夹、js 文件夹，其中，CSS 文件夹包含 style.css 文件。js 文件夹包含 jquery.min.js 和 index.js。

图 8-4　手风琴

## 职业技能训练答案

**1. 单项选择题**

（1）B　（2）A　（3）B　（4）A

**2. 多项选择题**

（1）AC　（2）ABD　（3）BCD

**3. 技能实训题**

（1）实训“tab 栏切换”，打开项目“tab”，新建 index.html，源代码如下：

```
<!DOCTYPE html>
html lang="en">
<head>
    <meta charset="UTF-8">
    <title>商城 tab 栏切换</title>
    <script src="jquery.min.js"></script>
    <style>
        * {
            margin: 0;
            padding: 0;
        }
        li {
            list-style-type: none;
        }
        .tab {
            width: 978px;
            margin: 100px auto;
        }
        .tab_list {
```

```
                height: 39px;
                border: 1px solid #ccc;
                background-color: #f1f1f1;
            }
            .tab_list li {
                float: left;
                height: 39px;
                line-height: 39px;
                padding: 0 20px;
                text-align: center;
                cursor: pointer;
            }
            .tab_list .current {
                background-color: #c81623;
                color: #fff;
            }
            .item {
                display: none;
            }
    </style>
</head>
<body>
    <div class="tab">
        <div class="tab_list">
            <ul>
                <li class="current">商品介绍</li>
                <li>规格与包装</li>
                <li>售后保障</li>
                <li>商品评价（50000）</li>
                <li>手机社区</li>
            </ul>
        </div>
        <div class="tab_con">
            <div class="item" style="display: block;">
                商品介绍模块内容
            </div>
            <div class="item">
                规格与包装模块内容
            </div>
```

```
                <div class="item">
                    售后保障模块内容
                </div>
                <div class="item">
                    商品评价（50000）模块内容
                </div>
                <div class="item">
                    手机社区模块内容
                </div>
            </div>
        </div>
        <script>
            $（function（） {
                // 1.点击上部的 li，当前 li 添加 current 类，其余兄弟移除类
                $（".tab_list li"）.click（function（） {
                    // 链式编程操作
                    $（this）.addClass（"current"）.siblings（）.removeClass（"current"）;
                    // 2.点击的同时，得到当前 li 的索引号
                    var index = $（this）.index（）;
                    console.log（index）;
                    // 3.让下部里面相应索引号的 item 显示，其余的 item 隐藏
                    $（".tab_con .item"）.eq（index）.show（）.siblings（）.hide（）;
                })；
            })
        </script>
    </body>
    </html>
```

（2）实训“手风琴”，打开项目“accordion”。

① 新建 index.html，源代码如下：

```
<!DOCTYPE html>
<html>
<head>
<title>手风琴</title>
<meta charset="utf-8">
<link rel="stylesheet" type="text/CSS" href="CSS/style.css">
<script src="js/jquery.min.js"></script>
</head>
<body>
<div class="box">
```

```
<ul>
    <li>
        <h2>要求<span></span></h2>
        <div><p>要求要求要求要求要求要求要求要求要求要求要求要求要求要求要求要求
要求要求</p></div>
    </li>
    <li>
        <h2>信念<span></span></h2>
        <div><p>信念信念信念信念信念信念信念信念信念信念信念信念信念信念信念信念
信念信念信念信念信念信念信念</p></div>
    </li>
    <li>
        <h2>接受<span></span></h2>
        <div><p>接受接受接受接受接受接受接受接受接受接受接受接受接受接受接受接受
接受接受接受接受接受接受接受接受</p></div>
    </li>
    <li>
        <h2>现实<span></span></h2>
        <div><p>现实现实现实现实现实现实现实现实现实现实现实现实现实现实现实现实
现实现实现实现实现实现实现实现实现实现实现实现实现实现实现实现实</p></div>
    </li>
</ul>
</div>
<script>
$（function（）{
    $（".box ul li h2"）.click（function（e）{
        e.stopPropagation（）；
        $（this）.next（）.stop（）.slideDown（800）.parents（"li"）.siblings（）.find
（"div"）.stop（）.slideUp（800）；
        $（this）.parent（）.stop（）.addClass（"cur"）.siblings（）.stop（）.removeClass
（"cur"）；
    })
    $（document）.click（function（）{
        $（".box ul li"）.find（"div"）.slideUp（800）；
    })
})
</script>
</body>
</html>
```

② CSS 文件夹中，新建 style.css 样式文件，源代码如下：

```
body，h1，h2，h3，h4，h5，h6，p，ul，ol，dl，dd{
    margin: 0;
    padding: 0;
}
body{
    background-color: #000;
}
ul{
list-style: none;
}
.clear:after{
    content: "";
    display: block;
    clear: both;
}
.box{
    width: 300px;
    margin:20px auto;
    background-color: #fff;
}
.box ul li h2{
    position: relative;
    height: 40px;
    width: 100%;
    padding:0 15px;
    box-sizing: border-box;
    line-height: 40px;
    border-bottom:1px solid #ccc;
    color:#333;
    font-size: 16px;
}
.box ul li h2 span{
    position: absolute;
    top:15px;
    right: 15px;
    display: block;
    width: 10px;
```

```
        height:10px;
        border-top:2px solid #666;
        border-right:2px solid #666;
        transform: rotate（45deg）;
        transition: .8s;
    }
        .box ul li.cur h2 span{
        transform: rotate（135deg）;
    }
    .box ul li div{
        display: none;
        line-height: 22px;
        color:#555;
        overflow: hidden;
    }
    .box ul li p{
        padding:15px;
    }
```

③ 在 js 文件夹中，新建 index.js 文件，源代码如下：

```
    $（".box ul li h2"）.click（function（e）{
            e.stopPropagation（）;
             //被点击的 h2 的 next 的 div 下拉展开，其余的 li 内部的 div 上拉收起，时间 800 毫
秒。
            $（this）.next（）.stop（）. slideDown（800） .parents（"li"）.siblings（）.find（"div"）.stop
（）.slideUp（800）;
            $（this）.parent（）.stop（）.addClass（"cur"）.siblings（）.stop（）.removeClass
（"cur"）;
    })
     //点击事件
    $（document）.click（function（）{
            //所有 div 上拉收起，时间 800 毫秒。
            $（".box ul li"）.find（"div"）.slideDown（800）  ;
    })
```

## 学习资源

1. 电子文档：教学 ppt“模块 8 jQuery 效果”或教案。
2. 附件资料：项目素材。

# 项目 8.2 手机号抽奖

## 8.2.1 项目效果

手机号抽奖界面效果如图 8-5 所示。

图 8-5 手机号抽奖界面效果

单击“开始抽奖”按钮后的界面效果，如图 8-6 所示。

图 8-6 单击“开始抽奖”按钮后界面效果

## 8.2.2 项目背景

我们平时在看一些活动或一些比赛节目时经常会看到在现场的大屏幕上会有观众的手机号在滚动,选出谁是幸运观众或谁中了什么奖项，这些手机号都是来自现场观众或场外观众的有效互动（如投票），当主持人发出“开始”指令后，大屏幕上的手机号就会快速随机滚动，当发出“停”指令后，大屏幕上会随机显示几个停止滚动的手机号，在这种手机号批量随机滚动的效果实现当中最核心的就是随机和不重复。

抽奖虽然体现的是随机概率事件，但也体现了诚信、平等，应用软件对数据进行快速处理，引入诚信、平等机制，引发学生科学理性思考，培养创新意识，提升学生灵活应用知识的能力。现需要利用 jQuery 的事件绑定，鼠标事件、键盘事件、表单事件和窗口事件等知识制作一个手机号抽奖界面。

## 8.2.3　项目说明

（1）随机抽取 10 个手机号从左侧滑入。

（2）单击“开始抽奖”按钮后从中抽取一个作为中奖号码，将中奖号码以特殊颜色和字体显示出来。

（3）单击“重置抽奖”按钮刷新界面，使界面返回抽奖前的状态。

## 8.2.4　项目规划

项目 8.2 规划导图如图 8-7 所示。

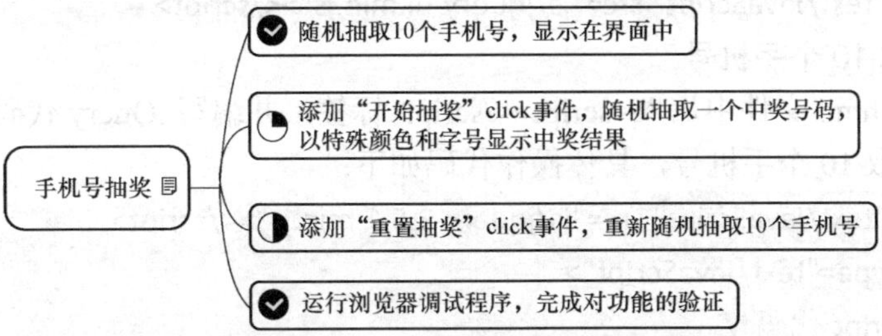


图 8-7　项目 8.2 规划导图

## 8.2.5　项目实施

### 1. 界面构建

（1）创建手机号抽奖界面，命名为“prize.html”。

（2）界面构建：在 body 中创建手机号的显示区域，区域中包含十个<p>标签，用于存放手机号。

（3）添加“开始抽奖”按钮和“重置抽奖”按钮。

源代码如下：

```
<body style="text-align: center;">
  <h2>抽奖列表</h2>
  <div id="div_p" style="text-align: left;"><!--手机号码显示区域-->
      <p></p>
      <p></p>
      <p></p>
      <p></p>
      <p></p>
```

```
            <p></p>
            <p></p>
            <p></p>
            <p></p>
            <p></p>
        </div>
        <button type="button" id="btn_prize">开始抽奖</button>
        <button type="button" id="btn_re">重置抽奖</button>
    </body>
```

2. 下载并引用 jQuery

（1）下载：在 http://jquery.com/download 上下载 jQuery，下载完成后，创建 js 文件，将下载的 jquery-3.3.1.min.js 和 jquery-ui.min.js 文件放入 js 文件夹中。

（2）引用：将 js 文件夹中的 jquery-3.3.1.min.js 和 jquery-ui.min.js 引入 prize.html。

源代码如下：

```
<script type="text/JavaScript" src="js/jquery-3.5.1.min.js"></script>
<script type="text/JavaScript" src="js/jquery-ui.min.js"></script>
```

3. 随机抽取 10 个手机号

（1）在 prize.html 文件中加入<script></script>标签，并编写 jQuery 代码。

（2）随机抽取 10 个手机号，具体操作代码如下：

```
<script type="text/JavaScript" src="js/jquery-3.5.1.min.js"></script>
    <script type="text/JavaScript">
    /*JavaScript 代码*/
    var number = [
        "134",
        "135",
        "136",
        "137",
        "138",
        "139",
        "147",
        "150",
        "151",
        "152",
        "157",
        "158",
        "159",
        "182",
        "187",
        "188",
```

```
        "130",
        "131",
        "132",
        "155",
        "156",
        "185",
        "186",
        "133",
        "153",
        "180",
        "189"
    ];
    $（function（）{
        for（var i = 0; i < 10; i++）{
            /*从 number 数组中获取随机前三位数字*/
            temp = number[Math.floor（Math.random（） * number.length）];
            //获取随机后 8 位数字
            for（var j = 0; j < 8; j++）{
                /*拼接手机号码*/
                temp = temp + Math.floor（Math.random（） * 10）；
            }
            //设置延时动画
            setTimeout（create_animation（i, temp）, 0）；
        }
```

（3）抽取手机号时使用动画效果，被抽到的手机号码从左到右移动到界面中，源代码如下：

```
function create_animation（i, temp）{
            //向 p 标签赋值手机号
            $（"#div_p p:eq（" + i + "）"）.prepend（temp）；
            //设置从左到右的动画
            $（"#div_p p:eq（" + i + "）"）.animate（{
                left: '47.3%',
            }）；
        }
```

4. 抽奖

“开始抽奖”按钮设置 click 事件，抽出随机号码显示为红色和字号放大，源代码如下：

```
$（document）.on（"click", "#btn_prize", function（）{
            //处理 click 事件
            //（1）随机抽取一个手机号
            temp = Math.floor（Math.random（） * 10）；
```

```
            for（var i = 0; i <= 10; i++）  {
                if（i != temp）  {
                    //（2）没有抽到的手机号，设置 fade 动画（jquery UI）
                        $（"div_p p:eq（" + i + "）"）.toggle（"fade"）；
                } else {
                        //（3）抽到的手机号，设置 CSS 样式动画
                        $（"#div_p p:eq（" + i + "）"）.animate（{
                            fontSize: "2em"，
                            left: "44.6%"，
    //jQuery UI 捆绑了 jquery color 插件，jquery color 插件提供了颜色动画
                            backgroundColor: "#aa0000"，
                            color: "#fff"，
                            width: 210，
                        }）.CSS（"color"，  "RED"）；
                }
            }
```

### 5. 重置抽奖

“重置抽奖”设置 click 事件，设置 puff 动画，源代码如下：

```
    //（4）设置开始抽奖按钮为不可用
            $（"#btn_prize"）.attr（"disabled"，"true"）；
        $（document）.on（"click"，"#btn_re"，function（）  {
            //设置 puff 动画（jquery UI）
            $（"body"）.toggle（"puff"）；
            setTimeout（function（）  {/*  延迟一秒*/
            //重载界面
                window.location.reload（）；
            }，1000）；
        }）；
```

## 8.2.6　知识储备

jQuery 效果

### 1. 隐藏和显示

（1）$（选择器）.hide（speed，callback）：隐藏已显示的元素。

（2）$（选择器）.show（speed，callback）：显示被隐藏的元素。

（3）$（选择器）.toggle（speed，callback）：元素显示/隐藏切换。

### 2. 淡入淡出效果

（1）$（选择器）.fadeIn（speed，callback）：淡入显示元素。

（2）$（选择器）.fadeOut（speed，callback）：淡出隐藏元素。

（3）$（选择器）.fadeToggle（speed，callback）：在 fadeIn()和 fadeOut()两种效果间切换。

（4）$（选择器）.fadeTo（speed，opacity，callback）：将淡入/淡出效果设置为给定的不透明度（值介于 0 与 1 之间）。

**3. jQuery 滑动效果**

（1）$（selector）.slideDown（speed，callback）：向下滑动。

（2）$（selector）.slideUp（speed，callback）：向上滑动。

（3）$（selector）.slideToggle（speed，callback）：切换向上或向下滑动。

**4. 自定义动画方法**

自定义动画方法的语法如下：

```
$（选择器）.animate（params，speed，callback）;
```

**5. 鼠标位置获取**

鼠标位置获取的语法如下：

```
$（选择器）.mousemove（function（e）{
e.pageX;
e.pageY;
})
```

**6. 停止动画**

停止动画的语法如下：

```
$（选择器）. Stop（stopAll, goToEnd）
```

## 职业技能等级考证提要

1. 能够使用 jQuery 基本动画为界面添加动态效果。
2. 能够使用 jQuery 自定义动画为界面添加动态效果。
3. 能够使用 jQuery 动画的取消、延迟等控制网页动态效果。
4. 能够在网页中引入 jQuery 插件。
5. 能够使用常用的 jQuery 插件进行网页的快捷开发。
6. 能够使用 jQuery UI 插件开发交互效果界面。

## 职业技能训练

**1. 单项选择题**

（1）在 jQuery 中，如果想要获取当前窗口的宽度值，（　　）可以实现该功能。

A. Width（）　　B. width（val）

C. outerWidth（）　　D. innerWidth（）

（2）在 jQuery 中，既可绑定两个或多个事件处理器函数，以响应被选元素的轮流的 click 事件，又可以切换元素可见状态的方法是（　　）。

A. hide（）　　B. toggle（）　　C. hover（）　　D. slideUp（）

（3）如何隐藏下面的元素？（　　）

<input id="id_txt" name="txt" type="text" value=""/>

A. $（"id_txt"）.hide（）　　B. $（"#id_txt"）.remove（）

C. $（"#id_txt"）.hide（）　　D. $（"#id_txt"）.remove（）

### 2. 技能实训题

随着个性化服务发展，学校、街边、社区等都流行将水果等商品洗净、切好，并装盒，按份出售。现开发一个“社区便利店收银系统”，店中每天提供固定种类的水果，装盒后，标记每一份价格，按份进行销售。在系统中，打开收银网页（casher.html），单击“+”添加销售水果，单击“结账”进行购买水果结算，点击“完成交易”进行下一个新用户购买。

项目名称为“casher”，包含收银网页 casher.html 和 js 文件夹，其中，js 文件夹包含 jquery-3.3.1.min.js 文件。

收银网页分为三个区域：上端内容为“标题”和一个不可编辑的“文本框”，该“文本框”用来显示结账金额；中间内容为水果商品表格，在表格每一行中，单击一次“+”按钮，则添加一份，单击多次，则添加多份；下端内容为“结账”和“完成交易”按钮。

收银网页 casher.html 效果，如图 8-8、图 8-9 所示。

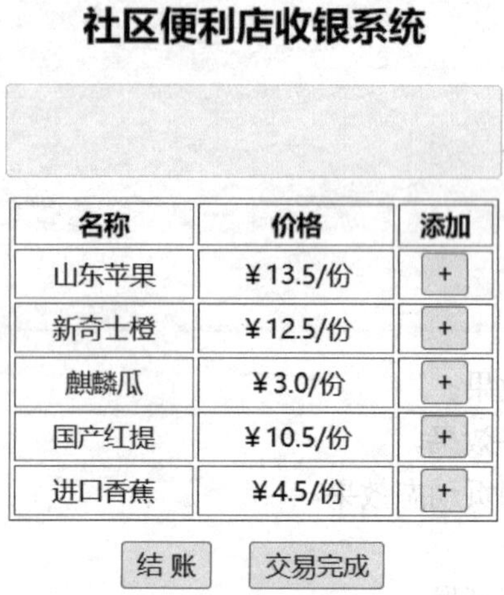


图 8-8　收银界面

图 8-9　交易完成效果图

## 职业技能训练答案

### 1. 单项选择题

（1）D　（2）B　（3）C

### 2. 技能实训题

打开项目“casher”，其中 js 文件夹包含 jquery-3.3.1.min.js 文件。新建收银网页 casher.html，源代码如下：

```
<!DOCTYPE html>
<html>
  <head>
    <meta http-equiv="Content-Type" content="text/HTML; charset=utf-8" />
```

```
    <script type="text/JavaScript" src="js/jquery-3.3.1.min.js"></script>
    <title>社区便利店收银系统</title>
    <style>
      body{
     text-align:center;
     font-size:13px;
  }
  table{
    margin:10px auto;
  }
  #result{
    width:245px;
    height:40px;
  }
    </style>
  </head>
  <body>
    <h2>社区便利店收银系统</h2>
    <input type="text" value="" id="result" disabled="disabled" />
    <table border="1" width="250px">
      <tr>
        <th>名称</td>
        <th>价格</td>
        <th>添加</td>
      </tr>
      <tr>
        <td>山东苹果</td>
        <td>￥13.5/份</td>
        <td><input type="button" value="+" onclick="addClick（13.5）" /></td>
      </tr>
      <tr>
        <td>新奇士橙</td>
        <td>￥12.5/份</td>
        <td><input type="button" value="+" onclick="addClick（12.5）" /></td>
      </tr>
      <tr>
        <td>麒麟瓜</td>
        <td>￥3.0/份</td>
        <td><input type="button" value="+" onclick="addClick（3.0）" /></td>
```

```
            </tr>
            <tr>
               <td>国产红提</td>
               <td>￥10.5/份</td>
               <td><input type="button" value="+" onclick="addClick（10.5）" /></td>
            </tr>
            <tr>
               <td>进口香蕉</td>
               <td>￥4.5/份</td>
               <td><input type="button" value="+" onclick="addClick（4.5）" /></td>
            </tr>
         </table>
         <input class="btn" type="button" value="结账" id="btn_checkout"
onclick="checkoutClick（）" />
            
         <input class="btn" type="button" value="交易完成" onclick="reloadClick（）" />
      <script>
            /*
            功能：使用 JavaScript 编写代码，单击“+”按钮触发，修改“文本框”值为购买
的水果价格，多次单击，以“+”连接各价格
            参数：price 为添加水果的价格
            返回：无
            编写代码提示：
                  （1）获得“文本框 result”值
                  （2）判断“文本框 result”值是否为””:
                  （3）若为””，则将当前 price 赋值给“文本框”
                  （4）若不为""，则先在“文本框”已有值后添加一个“+”，再添加此次价格
price
         */
            function addClick（price） {
               var result = document.getElementById（"result"）.value;
               if（result == ""） {
                  document.getElementById（"result"）.value = price;
               } else {
                  document.getElementById（"result"）.value = result + "+" + price;
               }
            }

            /* 功能：使用 JavaScript 编写代码，单击“结账”按钮触发，计算所购水果的总
```

```
金额，并将结果显示在“文本框”result 上。
    参数：无
    返回：无
    编写代码提示：
    （1）获得“文本框 result”值
    （2）使用“+”分隔出“文本框 result”值中每一个价格，存放到 Array 对象中
    （3）使用 for 循环遍历数组对象，将每个价格相加得到总金额
    （4）设置“文本框 result”值为“总金额:xxx”
    （5）调用 disabledBtn（）函数禁用“结账”按钮
    （6）调用 transparency（）函数设置水果商品表格的透明度 */
    function checkoutClick（） {
      var result = document.getElementById（"result"）.value;
      if（result == ""） {
        return;
      }
      var prices = result.split（"+"）;
      var total = 0.0;
      for（var idx = 0; idx < prices.length; idx++） {
        total += parseFloat（prices[idx]）;
      }
      document.getElementById（"result"）.value = "总金额:" + total;
      disabledBtn（）;
      transparency（）;
    }
    /* 功能：使用 jQuery 库编写代码，将“结账”按钮设为禁用
    参数：无
    返回：无 */
    function disabledBtn（） {
      $（"#btn_checkout"）.attr（"disabled"， "disabled"）;
    }
    /* 功能：使用 jQuery 库编写代码，将水果商品表格的透明度设为 0.3，动画持续
时间为 1 s
    参数：无
    返回：无
    编写代码提示：使用 jQuery 的动画函数实现。*/
    function transparency（） {
      $（"table"）.animate（
        {opacity: '0.3'}，1000
      ）;
```

```
        }
        /*  功能：单击“交易完成”按钮触发，重新加载当前界面，初始界面状态
        参数：无
        返回：无 */
        function reloadClick（） {
          window.location.reload（）;
        }
      </script>
    </body>
  </html>
```

## 学习资源

1. 电子文档：教学 ppt“模块 8 jQuery 效果”或教案。
2. 附件资料：项目素材。

# 参 考 文 献


[1] 黑马程序员. 网页设计与制作项目教程：HTML+CSS+JavaScript. 2 版. 北京：人民邮电出版社，2021.

[2] 黑马程序员. HTML5+CSS3+JavaScript 网页制作案例教程. 2 版. 北京：人民邮电出版社，2020.

[3] 黑马程序员. JavaScript 前端开发案例教程. 北京：人民邮电出版社，2018.

[4] 工业和信息化部教育与考试中心. Web 前端开发：初级. 北京：电子工业出版社，2019.